玄珠妙算

中国算学文化展

深圳博物馆 编

文物出版社

图书在版编目（CIP）数据

玄珠妙算 ： 中国算学文化展 / 深圳博物馆编. 北京 ： 文物出版社，2024. 12. -- ISBN 978-7-5010-8605-4

Ⅰ. 01-05

中国国家版本馆CIP数据核字第2024PW3472号

玄珠妙算：中国算学文化展

编　　者：深圳博物馆

责任编辑：王　伟

责任印制：张　丽

出版发行：文物出版社

社　　址：北京市东城区东直门内北小街 2 号楼

邮　　编：100007

网　　址：http://www.wenwu.com

邮　　箱：wenwu1957@126.com

经　　销：新华书店

印　　刷：雅昌文化（集团）有限公司

开　　本：889mm × 1194mm　1/16

印　　张：16.75

版　　次：2024 年 12 月第 1 版

印　　次：2024 年 12 月第 1 次印刷

书　　号：ISBN 978-7-5010-8605-4

定　　价：368.00 元

玄珠妙算——中国算学文化展

主办单位：深圳博物馆　南通中国珠算博物馆
　　　　　合肥子木园博物馆 清华大学科学博物馆（筹）
支持单位：国家超级计算深圳中心　深圳量旋科技有限公司
展览时间：2024 年 12 月 26 日 ~2025 年 3 月 30 日
展览地点：深圳博物馆同心路馆（古代艺术）第 5、6 专题展厅

本册图录编辑

主　　编：陈嘉雯
副 主 编：胡秀娟　蔡雨梦
编　　委：袁爱婷　张采苓　陈奕丹　胡馨文

策展团队

项目总监：杜　鹃
学术指导：张一兵　杨荣昌　李　飞　司宏伟　高　峰
展览监管：李　飞
策 展 人：陈嘉雯
形式设计：袁爱婷　陈嘉雯
策展助理：蔡雨梦　陈奕丹　唐方圆
展务管理：蔡雨梦
施工统筹：冯艳平
藏品保护：邓承璐　岳婧津
社会教育：胡秀娟　尚逸娴
宣传推广：吕宇威
行政支持：彭菲菲　颜雨婷
信息技术：钟颖康
对外合作：郭嘉盈
运行保障：徐　双
安全保卫：刘彬彬

目录

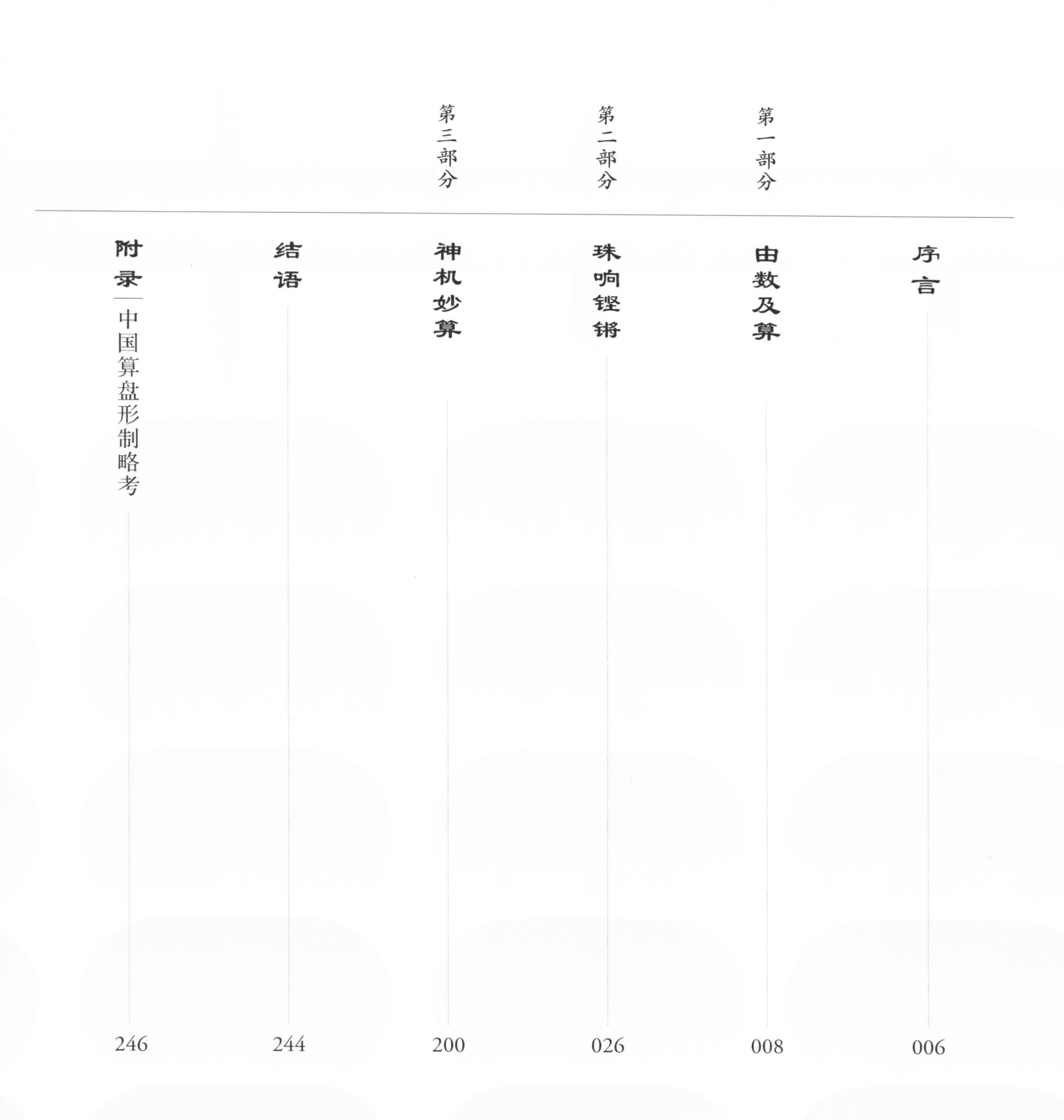

序言

算学文化是中国科学技术文化的重要组成部分，以人们对数的认识运用和对数学原理的探索为内核，以算法和计算工具为外在表现形式，不仅是中国古代数学发展水平的表征，也是中华民族智慧与创造力的体现。

中国古代传统数学重视实际应用，以数学理论密切联系生产生活，大量的问题的解法依赖计算。故而中国算学文化的智慧也凝聚在丰富多姿的算具文物之中。图录通过展示和解读相关的实物，揭示中国传统算学文化的历史面貌，辅以现代以来中国在计算领域取得的重要成就，以展示中华民族代代不息、研精覃思的科学探索精神。

第一部分
由数及算

“数”在中国古代，含义多样，一是指《周易》象数学，《左传》记“物生而后有象，象而后有滋，滋而后有数”，象是事物的形态特征，滋是事物的发展变化，事物的变化才产生研究事物空间形式和数量关系的数。二是指数学神秘主义，如幻方、河图、洛书等。三是外算数学，注重实用性，如《九章算术》，即今天的数学。总体而言，“数”是数学知识的代名词，“算”“算术”“算学”等是数学学科的代名词。外算“经世务，类万物”，内算“通神明，顺性命”。

数的起源

禹之所以治天下者，此数之所生也。——《周髀算经》

古人认为数的起源是“圣人则之”，即圣人创制。实际上人类对数的认识起源于生产实践，从对“多少”的感受开始，并与具体的对象联系在一起。最先形成的“数”，可能是一和二，如《老子》说：“道生一，一生二，二生三，三生万物”。中国古代常以“三”指代多数而非确数三，很可能是远古对数的认识的遗留。

新疆阿斯塔那唐墓出土的彩帛中伏羲女娲持规矩的形象，古人认为伏羲创制“九九之数”。①

数的记录

数的意识产生后，人类有多种多样的原始记数方法，如结绳、刻木和书契。就中国历史而言，很早就创造了记数符号。

· 石子计数与结绳记数

古人曾使用过石子作为计数工具。人类最早借助大自然中随处可见的石子、贝壳、豆粒等表示数字。此种计数方式在近现代我国云南贡山的傈僳族进行投票时仍有保留。甲骨文如“廿、卅、卌”等文字则保留了结绳记数的痕迹。《周易·系辞下》有“上古结绳而治，后世圣人易之以书契。”三国吴虞翻的《易九家义》引郑玄注称：“事大，大结其绳；事小，小结其绳。结之多少，随物众寡。”结绳计数的方法，在人类历史上是一个普遍现象，在某些民族如藏族、彝族、傈僳族等直到近代仍在使用。

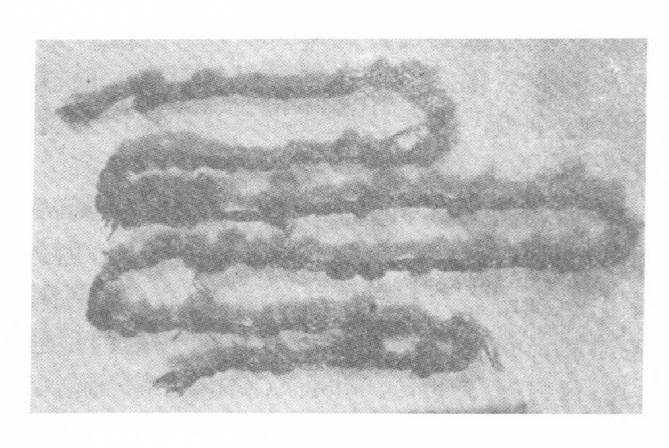

傈僳族的结绳②

· 契刻记数

与结绳几乎同时或稍后，人类开始在竹、木、龟甲或者骨头、泥版上留下刻痕以记数、记事或以为凭证。汉刘熙《释名》称“契，刻也，刻识其数也。”西晋司马彪《后汉书志》称“尝闻儒言，三皇无文，结绳而治，自五帝始有书契。”随社会生活发展，语言成熟，文学记数出现。

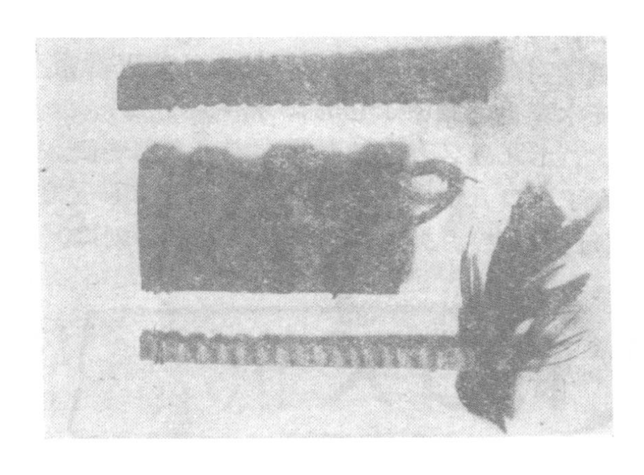

1950年代拉祜族澜沧县南畔乡的鸡账木刻，木刻侧面一个缺口代表千只鸡；正面一个缺口代表十只鸡。在木刻一端，夹入鸡毛一节，以区别于其他家禽账目木刻[3]

《甲骨文合集》1656片正面有大量从一至十的自然数[4]

1 2 3 4 5 6 7 8 9 10 100 1000 10000

甲骨文表示的数字[5]

(1) (2) (3) (4) (5) (6) (7) (8) (9) (10)

西周前期金文中的数字[6]

---

① 郭书春主编：《中国科学技术史 数学卷》，科学出版社2010年版，彩页。

② 李家瑞：《云南几个民族记事和表意的方法》，《文物》，1962年第1期，第14页。

③ 李家瑞：《云南几个民族记事和表意的方法》，《文物》，1962年第1期，第14页。

④ 郭书春主编：《中国科学技术史 数学卷》，科学出版社2010年版，第17页。

⑤ 郭书春主编：《中国科学技术史 数学卷》，科学出版社2010年版，第17页。

⑥ 郭书春主编：《中国科学技术史 数学卷》，科学出版社2010年版，第18页。

南美印加部落的“基普（Quipu）”

公元前3世纪～公元17世纪
最长75厘米，最宽50厘米
合肥子木园博物馆藏

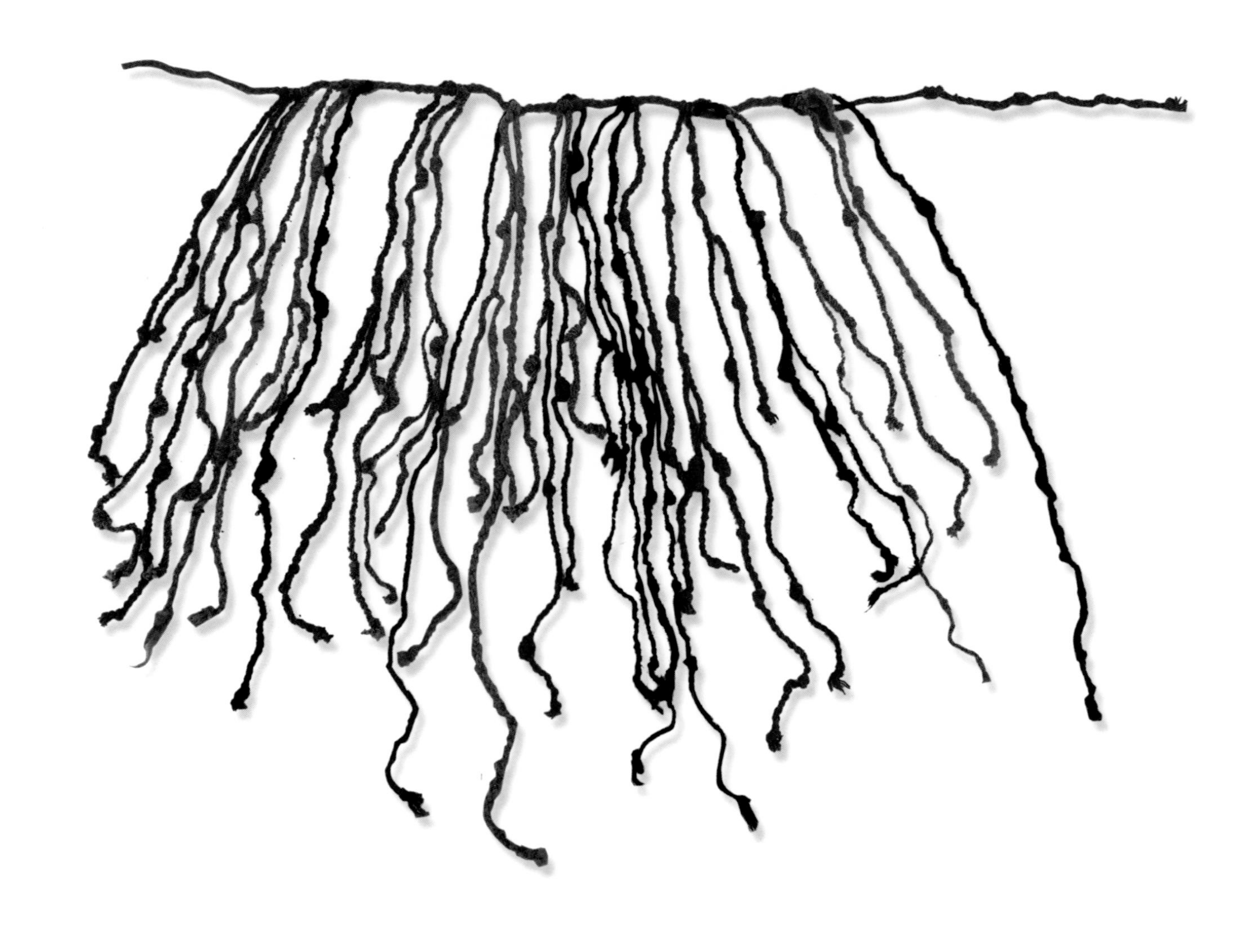

“基普”是古南美印加部落语言发音，意为“打结的绳子”。这是印加人用羊驼毛或骆马毛编成的一种带结的彩色绳子。结头的形状和数量表示数目，距主绳最近的结是个位，再上一个结是十位，然后是百位和千位，越是大数越接近主绳。印加人借助基普绳的不同颜色，结的形状、大小和位置，以及绳和结的旋转方向与次数等，来记载各种重要事件和自然现象，也用来统计村民人口。西班牙统治该地区后，基普也被用作记录当地的贡品、商业纠纷等。

古巴比伦数学泥版（复制品）

约公元前21世纪
长22厘米，宽20厘米
清华大学科学博物馆（筹）藏

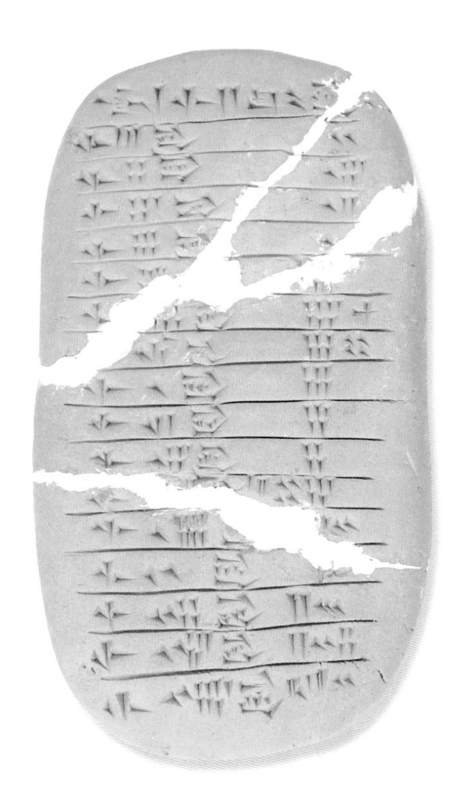

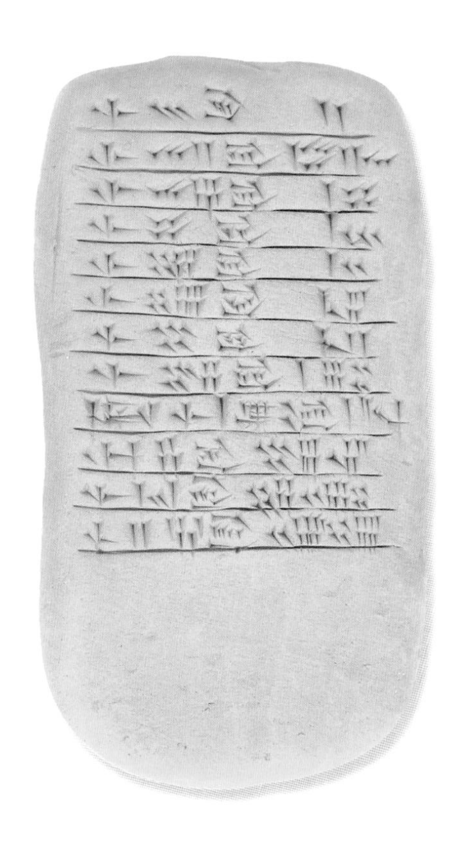

在古巴比伦训练书吏时需背诵大量倒数表和乘法表。此泥版是一份倒数表的早期实物，楔形文字记录形如“60/n”的整数的六十进制，上面的文字可以释读为：

60的二分之一 30

其三分之一 20

其四分之一 15

其五分之一 12

其六分之一 10

……

数的计算

结绳或刻木记数，可以适应小规模的生产、生活需要。随着社会不断发展，当需要处理大规模复杂事务时，浅易粗糙的记数方法显然难以应付，古人遂探索使用新的记数与计算方式。“算”通“筭”“祘”。“筭”即为古代计算工具——算筹，以筭计数谓之“算”。过去用于记数的石子或刻木，逐渐演变为辅助计算的原始算珠和算筹。

古籍《数术记遗》记载十四种算法，这些算法是结合具体实物的数字和数位的表示方法，依赖相应的心算口诀进行运算。从依托的工具看，其中提到的“太一、两仪、三才、九宫、了知、珠算”可以归纳为广义珠算的范畴，而“积算、五行、运筹、成数、把头”则归为筹算，“八卦”“龟算”是利用方位指针的计算方法。

小兼大者備加董氏三等術數加更截爲煩故畧焉
余又問曰爲算之體皆以積爲名爲復更有他法乎先
生曰隸首注術乃有多種及余遺忘記憶數事而已
其一積算 其一太一 其一兩儀 其一三才 其
一五行 其一八卦 其一九宮 其一運算 其一
了知 其一成數 其一把頭 其一龜算 其一珠
算 其一計算
此等諸法隨須更位唯有九宮守一不移位依行色並
應無窮

《数术记遗》所记的十四种算法[①]

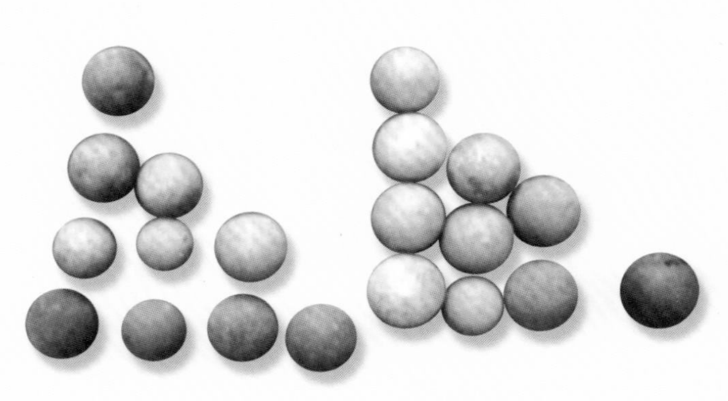

1978 年在陕西岐山县凤雏村西周宫室遗址出土距今约 3000 年的青黄两色陶丸 90 粒，可能是我国古代最早的算珠。[②]

① ［汉］徐岳撰、［北周］甄鸾注：《数述记遗》卷一，爱如生中国基本古籍数据库。

② 《中华算盘精品鉴赏》编委会编：《中华算盘精品鉴赏》，陕西科学技术出版社 1995 年版，第 12 页。

学者推测复原的游珠算板

现代

长 31.5 厘米，宽 25.5 厘米，厚 2.5 厘米

南通中国珠算博物馆藏

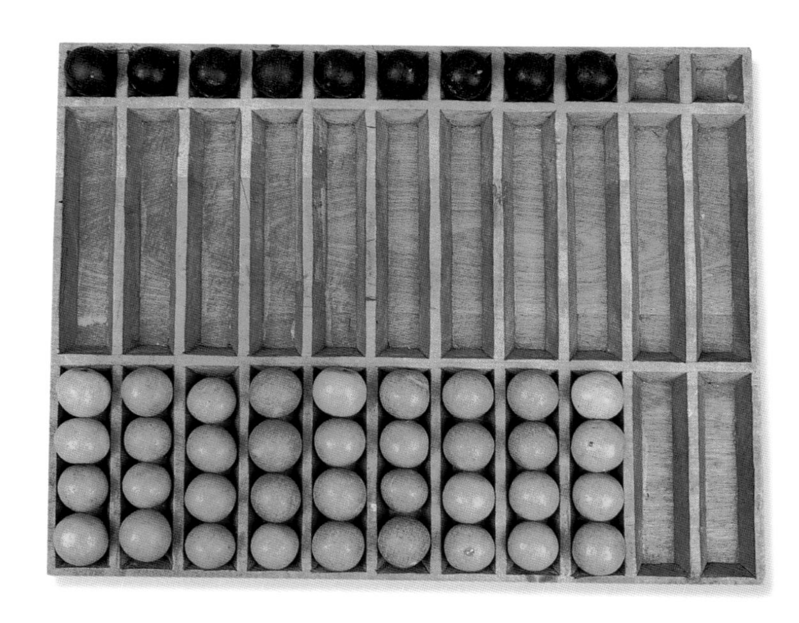

学者推测复原的太一算

现代

长 37.8 厘米，宽 26.8 厘米，厚 2.5 厘米

南通中国珠算博物馆藏

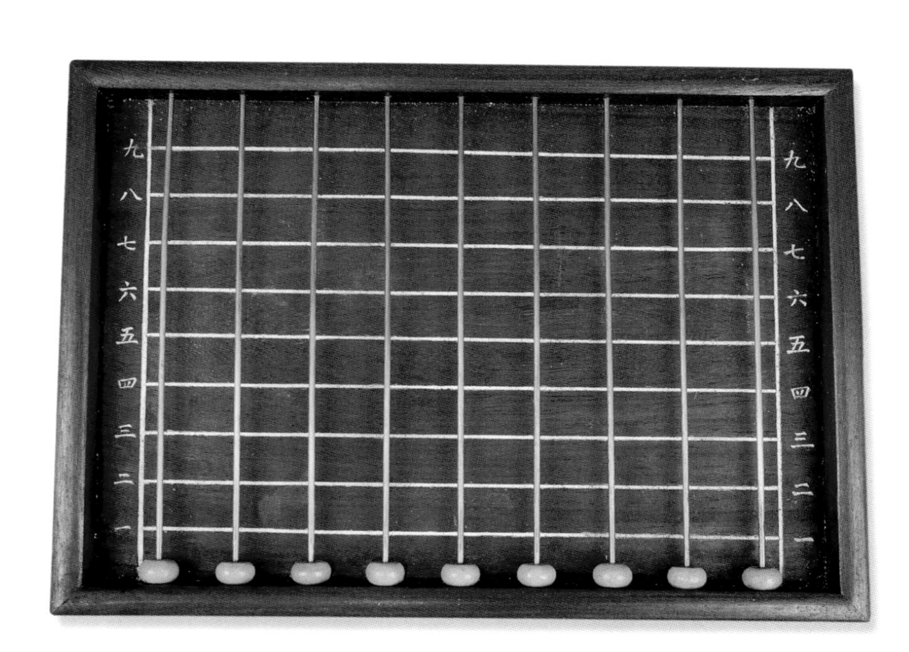

学者推测复原的两仪算

现代

长 34.5 厘米，宽 26.8 厘米，厚 2.5 厘米

南通中国珠算博物馆藏

学者推测复原的三才算

现代

长 34.7 厘米，宽 27 厘米，厚 2.5 厘米

南通中国珠算博物馆藏

学者推测复原的珠算

现代
长 27.9 厘米，宽 21.8 厘米，厚 2.5 厘米
南通中国珠算博物馆藏

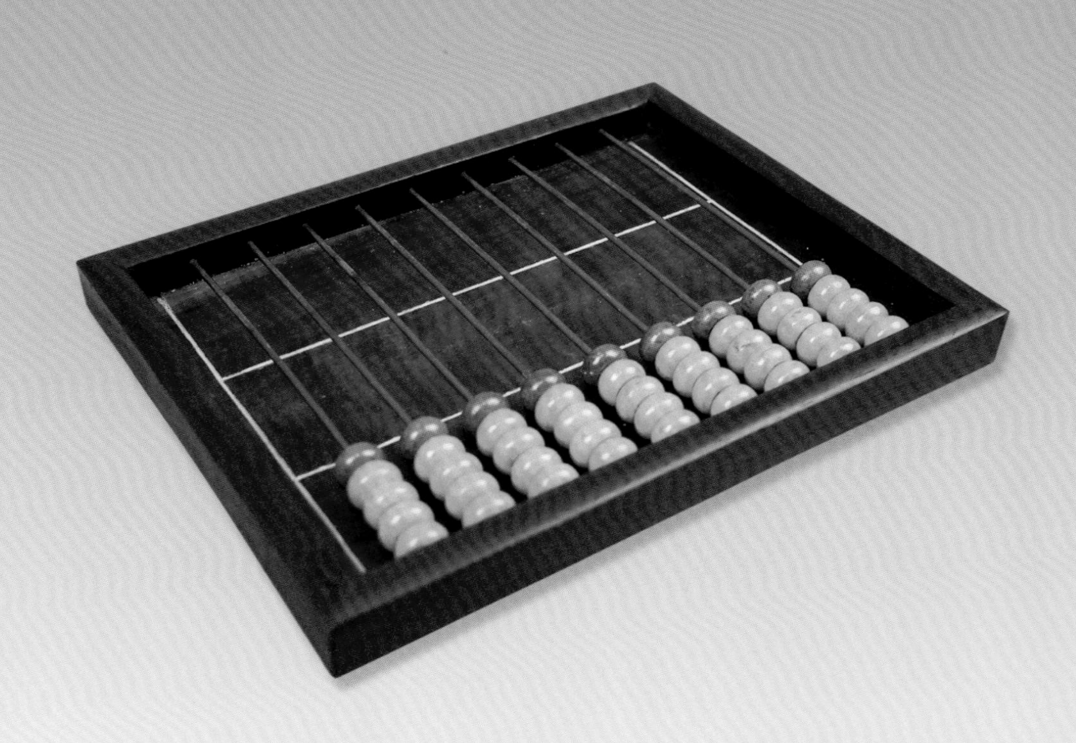

· 筹算

算筹又称为“算”“筹”“策”“算子”等，是中国古代长期使用的计算工具，在早期长条形竹木小棍、草茎等记数的基础上发展而来，约在西周和春秋之交形成以纵横交错的十进位制记数法，到春秋战国成为普遍的计算工具。筹算一直盛行到明代算盘流行之前。筹算在汉语中留下大量痕迹，如“运筹帷幄”“一筹莫展”等。

战国中山国出土的骨算筹 河北博物院藏[①]

陕西旬阳汉墓出土的象牙算筹 陕西历史博物院藏[②]

战国墓出土算筹多被储放在特制的竹筒和木匣之中，汉时已普遍使用算袋盛装算筹，携带在身边。《旧唐书 · 高宗本纪》载“一品以下文官，并带手巾、算袋、刀子、砺石，武官欲带亦听之”。《孙公谈圃》载宋人作诗偶得佳句，即“奋笔书一小纸，内（同“纳”）算袋中”。

① 山西博物院、河北博物院、河北省文物研究所编：《中山风云》，山西人民出版社 2015 年版，第 40 页。

② 《中华算盘精品鉴赏》编委会编：《中华算盘精品鉴赏》，陕西科学技术出版社 1995 年版，第 14 页。

算筹（复制品）

西汉

最长 13.3 厘米

清华大学科学博物馆（筹）藏

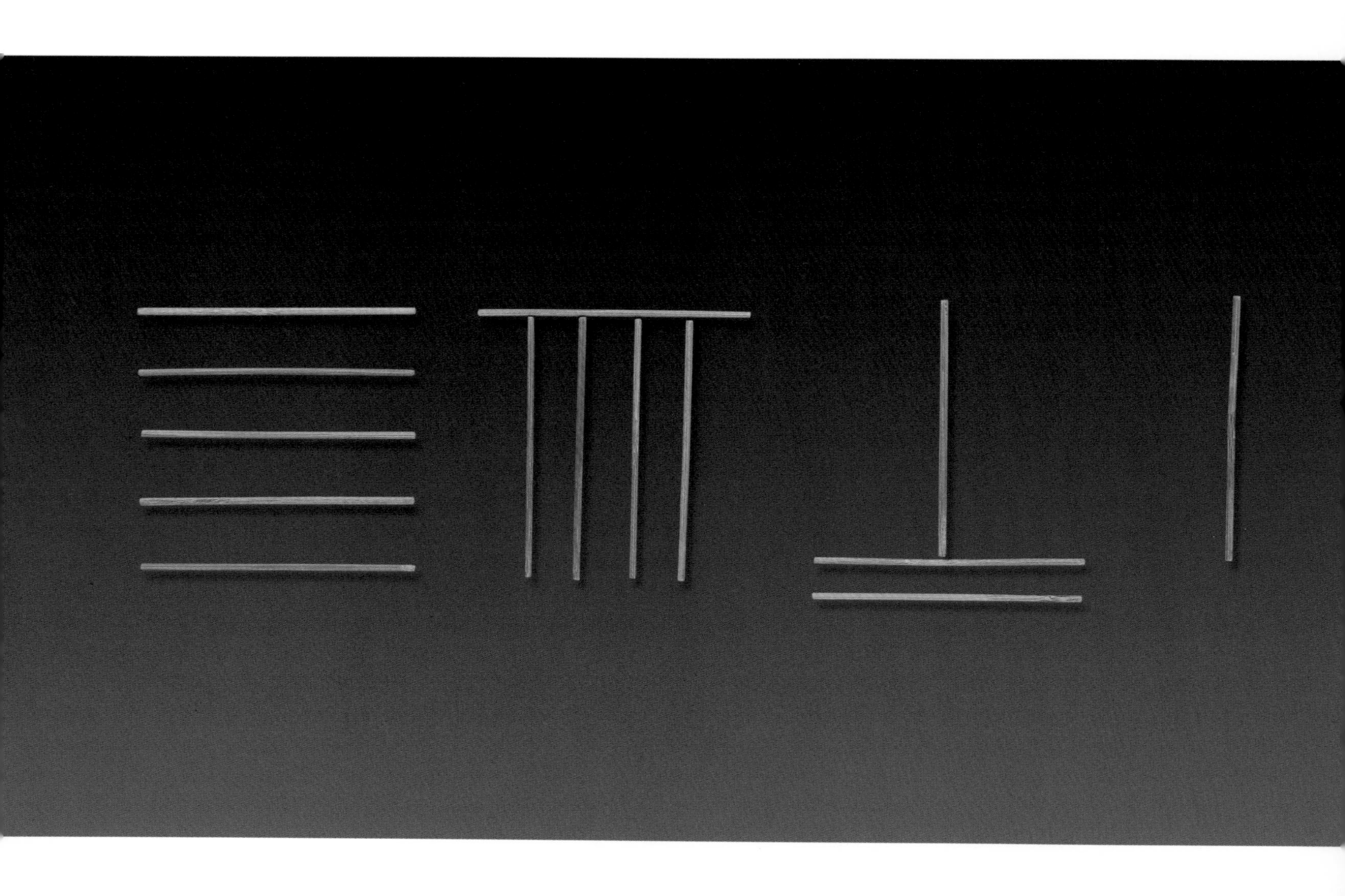

·九九表

九九表是筹算的运算口诀，是将简单的乘法运算加以整理总结形成的一套系统算法。赵爽注《周髀算经》云“九九者，乘除之原也”。九九表的内容散见于战国秦汉文献，考古发现敦煌汉简、居延汉简皆有残存，出土文物显示早期九九表始于“九九八十一”，与现在通行的乘法表的顺序恰好相反，且没有“一九如九”至“一一如一”9句，仅36句。《孙子算经》可见现在流行的45句九九表，清代陈杰著《算法大成》还记录了81句的“大九九”表。

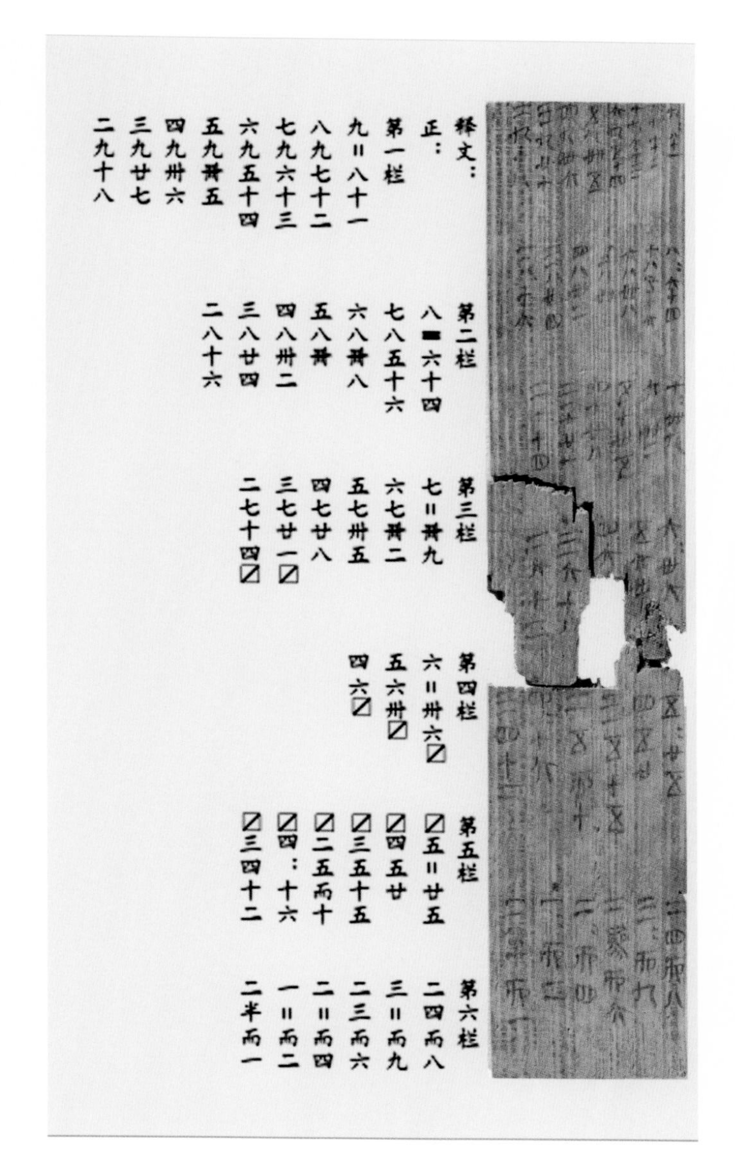

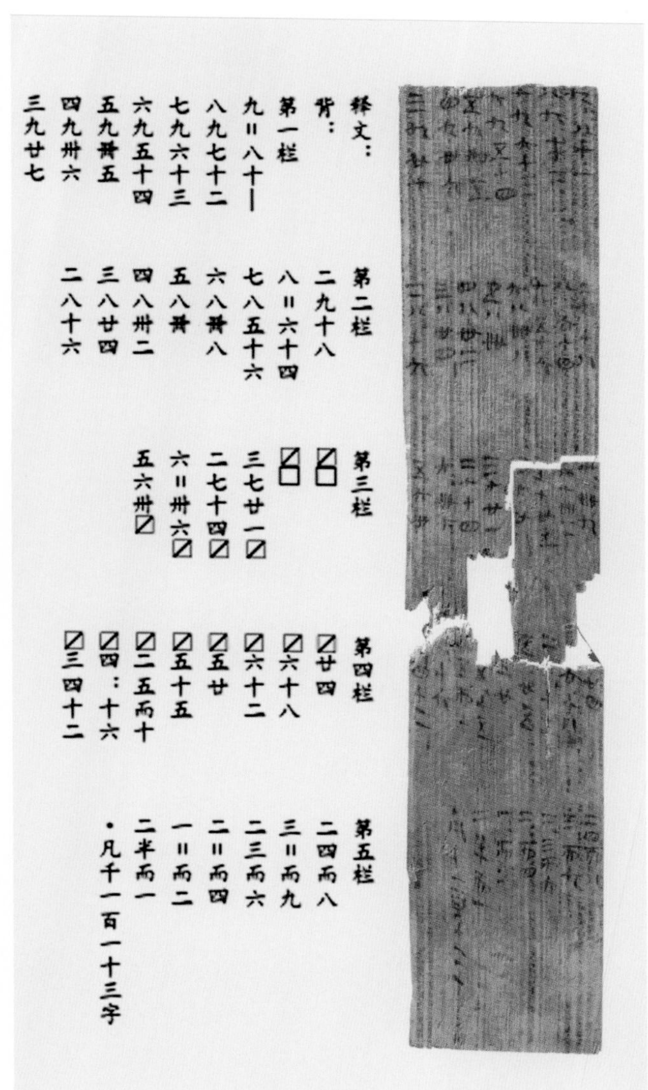

里耶秦简《九九表》及释文　里耶秦简博物馆藏[1]

① 陈伟主编：《里耶秦简牍校释（第二卷）》，武汉大学出版社2018年版，第205页。

"九九乘法口诀"刻文陶砖

东汉
深圳南头红花园 M3 东汉墓出土
长 37 厘米，宽 17 厘米，厚 4 厘米
深圳博物馆藏

陶砖一面右侧约三分之一处，纹饰被抹去，改刻乘法口诀。口诀分为两列竖刻，左边为"九九八十一、八九七十二、七九六十三、六九五十四、五九四十五"，右边为"三九二十七、二九一十八、四九三十六"。此砖是深圳地区一千八百多年前民间通过乘法口诀进行日常生活运算的实证。

居延汉简

东汉早中期
最长 22.6 厘米
深圳博物馆藏

居延汉简中曾发现《九九表》，此展品为与之同出于居延的五枚汉简。

清华大学藏战国竹简《算表》（复制品）

战国晚期

最长 38.5 厘米

清华大学科学博物馆（筹）藏

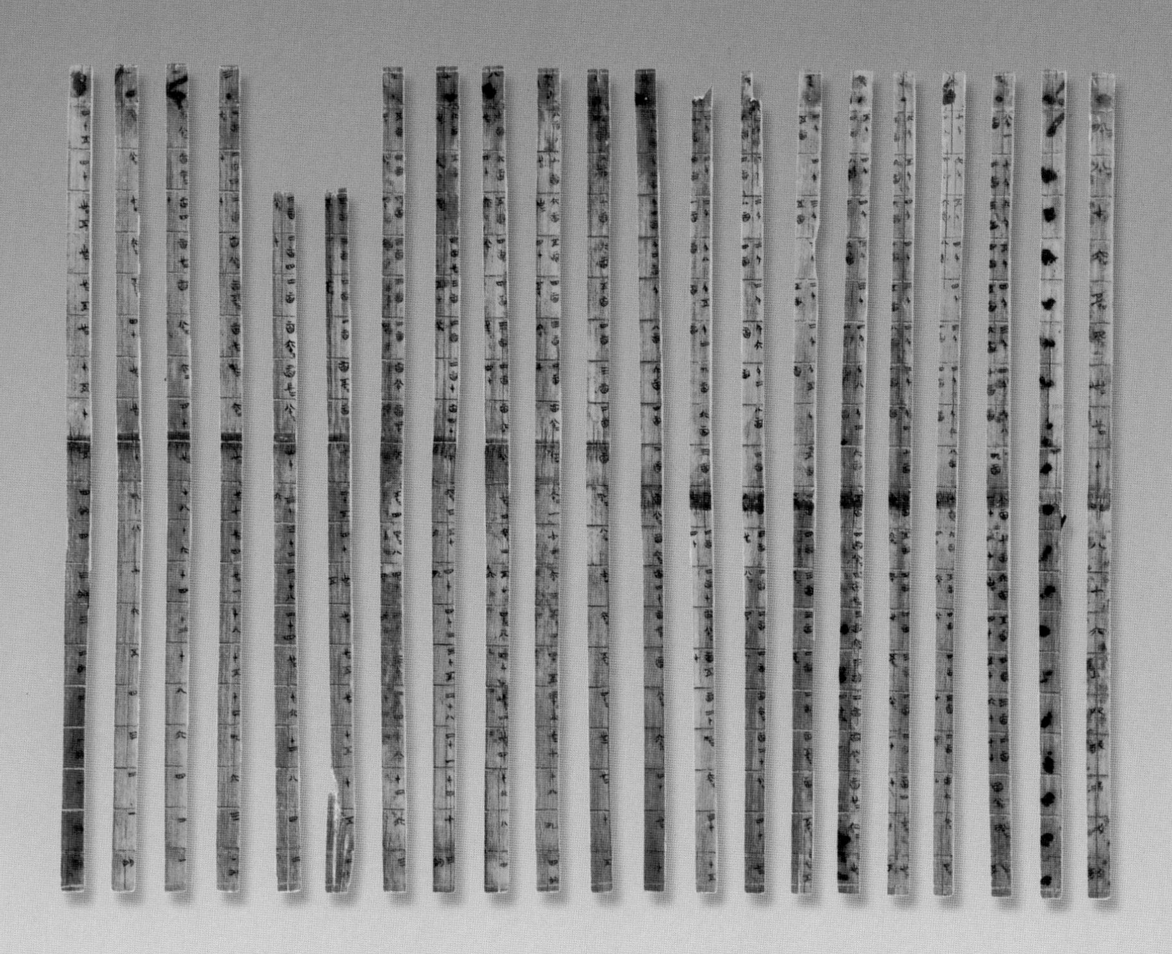

2008 年 7 月，清华大学入藏 2400 余支战国晚期竹简，其中 21 支竹简经整理后发现为一个数表形式的实用计算工具，被定名为《算表》。

《算表》共 21 行，20 列，其核心是由 9 至 1 及其乘积构成的乘法表，数字排列方式与中国早期九九口诀一致，可以实现 100 以内任意两整数乘除的快捷运算，《算表》是当时已广泛使用的九九算术衍生的运算工具，也是迄今所见中国最早的“计算器”与数学文献。

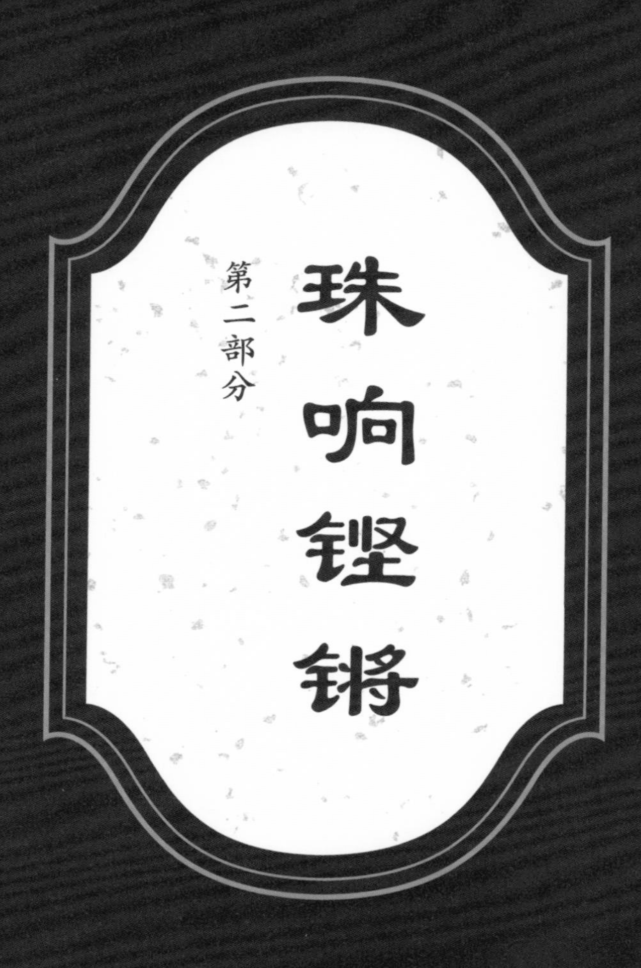

第二部分

珠响铿锵

宋元时期，算盘逐渐盛行，明代中期，珠算完全替代了筹算，筹算几乎绝迹，珠算理论日渐成熟，完成了从筹算到珠算的转变。

算盘的发明，是中国传统算术的一个革命，这种计算方法逐渐在民众中得到普及，出现了大量歌诀。以算盘为工具的珠算，被誉为中国“第五大发明”。2008 年珠算被列入第二批国家级非物质文化遗产名录。2013 年，联合国正式将中国珠算项目列入教科文组织人类非物质文化遗产名录，这也是中国第 30 项被列为非遗的项目。

北宋徽宗时期张择端《清明上河图》画卷末端，赵太丞药铺柜台上绘有一个十五档算盘。河北巨鹿故城三明寺遗址发掘出土 1 枚木算珠，年代为北宋大观二年（1108）。南宋刘胜年绘《茗园赌市图》中亦有算盘图像。宋末元初刘因作《算盘诗》有："不作翁商舞，休停饼氏歌。执筹仍蔽簏，辛苦欲如何"，以珠算讽刺好财盘算之人。宋末元初陶宗仪《南村辍耕录》中提到"算盘珠拨之则动"之语。

◀ 清明上河图（局部）故宫博物院藏[①]

北宋末年《清明上河图》中赵太丞药铺柜台上绘有一个十五档算盘，古时药铺因药方计价繁琐，很需要置备算盘，现代一些地方的中药铺至今依然保留这一使用习惯。

① 故宫出版社书画编辑室编纂：《宝笈三品》，故宫出版社，2012 年。

《重刊算学启蒙》

清刻本

[元] 朱世杰著

长 28.1 厘米，宽 17.8 厘米

南通中国珠算博物馆藏

重刊筭學啓蒙序

余少也嘗留意筭學而東國所傳不過詳明等書
淺近之法如九章六觚微妙之術鮮有解者無可
質問歲丁酉居憂抱病無外事適得抄本楊輝筭
書於今金溝縣令鄭君瀁又得 國初印本筭學
啓蒙於地部會士慶善徵較其同異究其源流則
楊輝非但字多豕亥術亦舍易趨難不便初學啓
蒙簡而且備實是筭家之摠要第其末端二紙漫
獘過半殆不可辨今大興縣監任君濬於術無所
不通一見而解之手圖而補其缺其後偶得一抄

筭學啓蒙序 一

此书是一部数学启蒙读物，包括各种乘除捷算法和歌诀的应用题，以及各种比例算法。许多问题侧面反映了元代的社会经济情况。

明代算盘

数学的大众化、实用化是元明以来中国传统数学的主流特征。珠算在明代得以全面应用并普及，取代筹算成为主要的计算方法。明代涉及珠算的著作很多，如吴敬《九章比类算法大全》、王文素《算学宝鉴》、徐心鲁《盘珠算法》、柯尚迁《数学通轨》、程大位《算法统宗》《算法纂要》、黄龙吟《算法指南》等。其中程大位《算法统宗》全面讲述珠算之法，是珠算的代表作之一，程氏被誉为“中国珠算之父”。明代珠算各类口诀和捷算法不断完善发展并被普遍应用，算盘和珠算书还传入了朝鲜、日本、越南和泰国（暹罗）等，对周边国家和地区影响深远。

明代重要的珠算相关著作

著作	年代	内容
吴敬《九章比类算法大全》	明景泰元年（1450）	书中始见加减法口诀，创造了在珠算中被称为“先十法”的加减捷算法，以及被称为“金蝉脱壳”的“乘除易会算诀”。
王文素《算学宝鉴》	明嘉靖三年（1524）	综合性数学著作，对当时见到的数学著作及民间算法、算题，均能“留心通证”，明确指出原书之谬。在珠算方面提出了盘中定位法，使用珠算开方，将珠算计算扩展到一元高次方程求解。
徐心鲁《盘珠算法》	明万历元年（1573）	内容为珠算口诀及其他实用计算法以及为解决实际问题的实用算术，书中有54幅珠算盘演算图式。书中所载珠算口诀是目前所知最早的较全面的珠算运算口诀。
柯尚迁《数学通轨》	明万历六年（1578）	书中载有36幅算盘图，介绍有珠算加减乘除等基本运算方法。
程大位《算法统宗》	明万历二十年（1592）	书中记有珠算基本概念和算法口诀，还有各种实用问题、难题及其算法，为全面讲述珠算法的代表作之一。
程大位《算法纂要》	明万历二十六年（1598）	为《算法统宗》的缩写本，为普及中算诸法及珠算应用，程氏将《统宗》“删其繁芜，揭其要领”，撰成此书。《纂要》偏重于介绍基本算法和解决日常计算问题。
黄龙吟《算法指南》	明万历三十二年（1604）	介绍珠算四则运算法和实际应用问题和解法

《算法统宗》

清光绪十年（1884）刻本
[明]程大位著
长 22.5 厘米，宽 13.3 厘米
南通中国珠算博物馆藏

程大位（1533~1606），字汝思，安徽休宁人，明代著名珠算家。《算法统宗》于万历二十年（1592）首印，共计 17 卷，前三卷讲基本原理与算法，其中珠算加法及归除口诀与现今相同。卷四至卷十二为应用问题解法汇编，卷十三至十六为难题汇编，卷十七为“杂法”，最后附“算学源流”，列出北宋元丰七年（1084）以来各种数学书 51 种。

光緒甲申重刋
增補算法統宗大全
京都文興堂藏板

算學統宗序
夫算非小技也有熊氏命隸首創焉思官則置保氏教國子以六藝而數居其一唯是數以侯夫算算以成天數固一而一者也籍令算爲小技何古先哲王用意勤篤如是哉迺今隸首遠矣保氏之職廢精其理者代不數人程汝思氏悵然有恫於衷

朱载堉是明朝郑藩第五代世子，喜爱研究乐律，朱氏用横跨 81 档的特大算盘，进行开平方、开立方的计算，求得律制上的等比数列，将一个八度的音程等分成十二个半音的律制，即十二平均律，这是音乐史上最重大的事件之一，比欧洲人提前了数十年。世界上已知的绝大多数的乐器定音，都是在十二平均律的基础上完成的。

《乐律全书》

明藩刻本

［明］朱载堉著

长 30 厘米，宽 21.5 厘米

深圳博物馆藏

二五鼓珠 17 档木算盘

款识年代：明晚期

长 53 厘米，宽 19 厘米，厚 2 厘米

私人藏品

通过底板推断可能为明崇祯时期（1628 ~ 1644）算盘

背板墨书：崇□丙肇□□四月西泉□

清代算盘

清代珠算书籍大量出现，尤其是《算法统宗》及其改编本被广泛翻刻。此时珠算算法继续发展，清末新政期间教育改革，珠算进入学堂，1903 年制定的《奏定学堂章程》，规定初等小学及高等小学学制中，有 5 年时间需要学习珠算，称“宜授以珠算，以便将来寻常实业之用”。一些新式的珠算教科书亦随之编制。随着应用的推广，清代珠算算法得到发展，特别是对大数字乘除的研究有所进展，“流法”“飞归”“首位挨乘法”等被研究和运用。

《增删算法统宗》

清光绪三年（1877）江南制造局刊本
［明］程大位著　［清］梅瑴成增删
长 27.6 厘米，宽 16.6 厘米
南通中国珠算博物馆藏

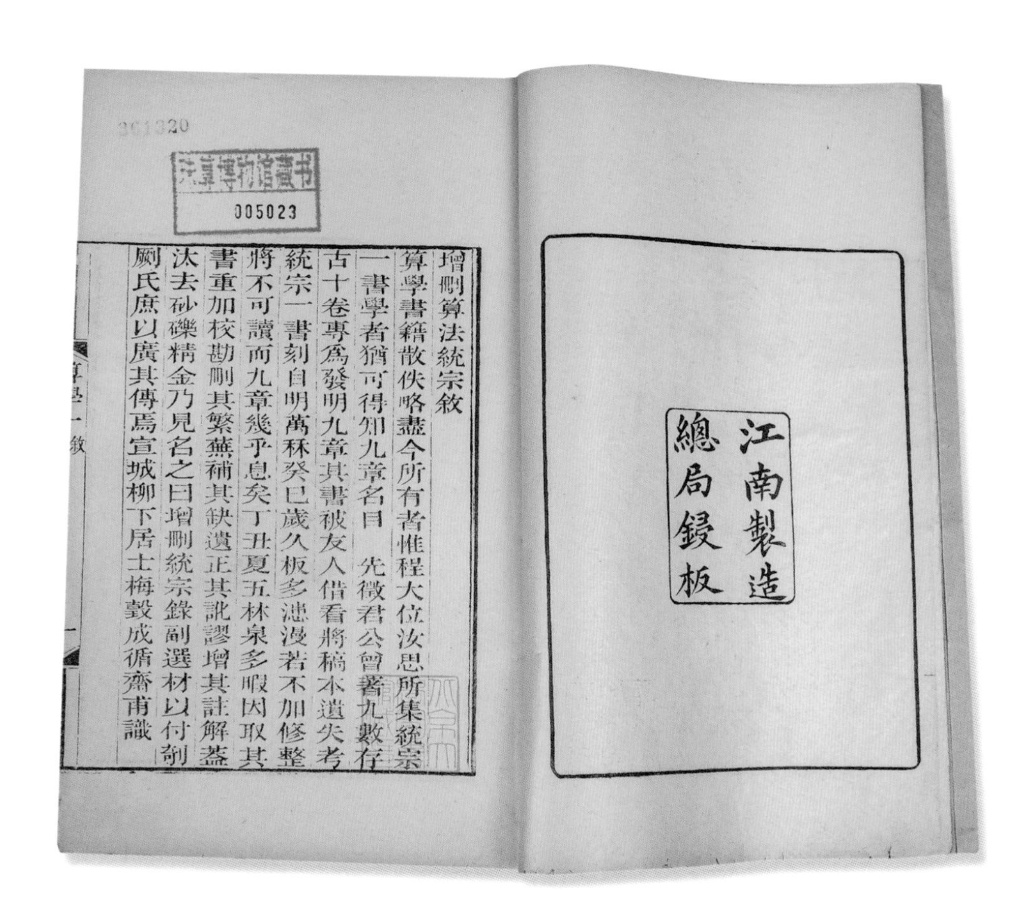
江南製造
總局鋟板

增刪算法統宗敘
算學書籍散佚略盡今所有者惟程大位汝思所集統宗一書學者猶可得知九章名目　先徵君公曾著九數存古十卷專爲發明九章其書被友人借看將稿本遺失考統宗一書刻自明萬秝癸巳歲久板多漶漫若不加修整將不可讀而九章幾乎息矣丁丑夏五林泉多暇因取其書重加校勘刪其繁蕪補其缺遺正其訛謬增其註解蓋汰去砂礫精金乃見名之曰增刪統宗錄副選材以付剞劂氏庶以廣其傳焉宣城柳下居士梅瑴成循齋甫識

《增删算法统宗》中删去了程大位原书中“河图洛书”“孕推男女”等荒诞不经的内容及原杂法内各种方法，并改正了原书的部分错误，吸收了一些西洋算法，引进了笔算。

二五鼓珠 19 档木算盘

款识年代：清康熙十九年（1680）
长 54 厘米，宽 20 厘米，厚 3 厘米
私人藏品

此算盘墨书记录了一位叫作宪徵的人在清康熙十九年（1680）的一个好日子购入了这把算盘。

背板墨书：康熙庚申年清和月吉日宪徵刘置

二五鼓珠 24 档木算盘

款识年代：清康熙二十三年（1684）
长 68 厘米，宽 18.5 厘米，厚 3 厘米
私人藏品

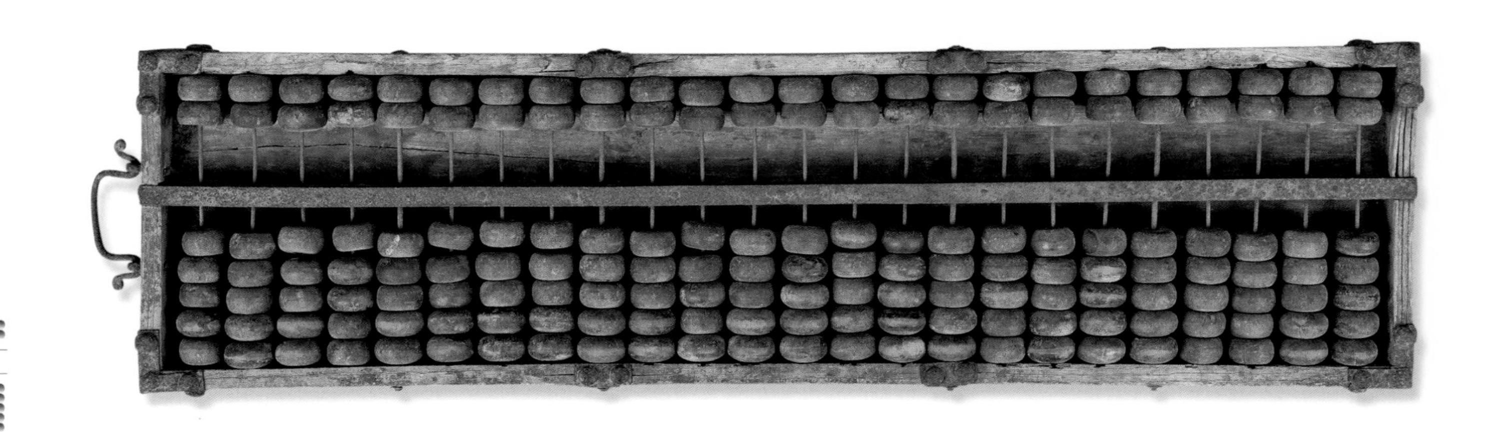

背板墨书：康熙贰拾叁年孟冬月黄耳徽置

二五鼓珠 19 档木算盘

款识年代：清康熙四十一年（1702）
长 54 厘米，宽 20 厘米，厚 3 厘米
私人藏品

背板墨书：康熙肆拾壹年□□吉□□

二五鼓珠 17 档木算盘

款识年代：清雍正七年（1729）
长 54 厘米，宽 20 厘米，厚 2 厘米
私人藏品

底板边栏嵌铜丝刻字：
雍正己酉年置
李永修造

二五鼓珠 15 档木算盘

款识年代：清乾隆三十五年（1770）
长 44 厘米，宽 20 厘米，厚 3.3 厘米
私人藏品

背板墨书：乾隆叁拾伍年九月廿六日

二五鼓珠 17 档木算盘

款识年代：清乾隆三十八年（1773）
长 51 厘米，宽 20.5 厘米，厚 3 厘米
私人藏品

背板墨书：乾隆叁拾捌年贰月/吉日乔公济置

二五鼓珠9档木算盘

款识年代：清乾隆四十年（1775）
长29厘米，宽24厘米，厚3厘米
私人藏品

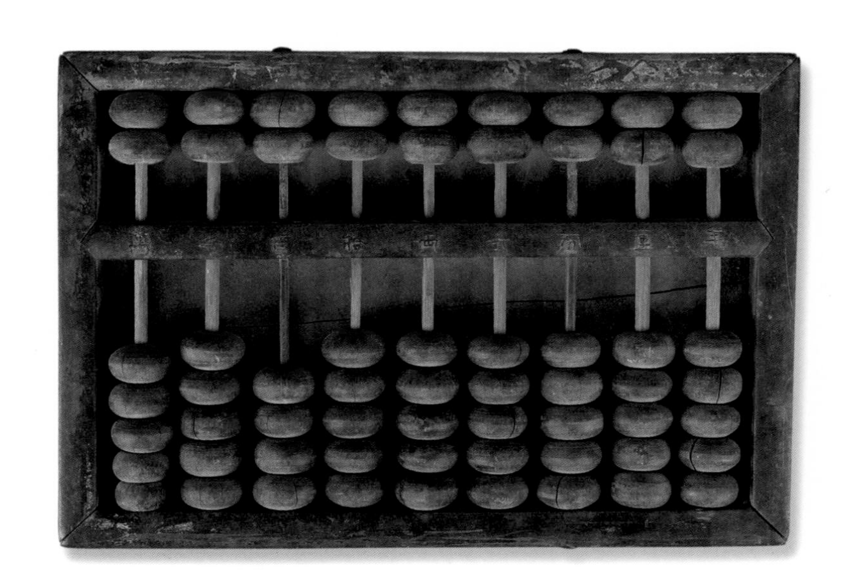

底板边栏嵌铜丝刻字：俞顺之老店
背板墨书：乾隆肆拾

二五鼓珠 17 档木算盘

款识年代：清乾隆四十四年（1779）
长 54 厘米，宽 21.5 厘米，厚 2 厘米
私人藏品

背板墨书：
乾隆四十四年三月十九日置□□八十□/□□□记

二五鼓珠 17 档木算盘

款识年代：清乾隆四十七年（1782）
长 49.5 厘米，宽 21.1 厘米，厚 2.1 厘米
私人藏品

背板墨书：乾隆四十七年

二五鼓珠 11 档木算盘

款识年代：清乾隆五十年（1785）
长 37 厘米，宽 22 厘米，厚 3 厘米
私人藏品

底板边栏嵌铜丝刻字：俞顺之老房
背板墨书：乾隆伍拾年三月□□置

二五鼓珠13档木算盘

款识年代：清乾隆五十二年（1787）
长42厘米，宽21厘米，厚2厘米
私人藏品

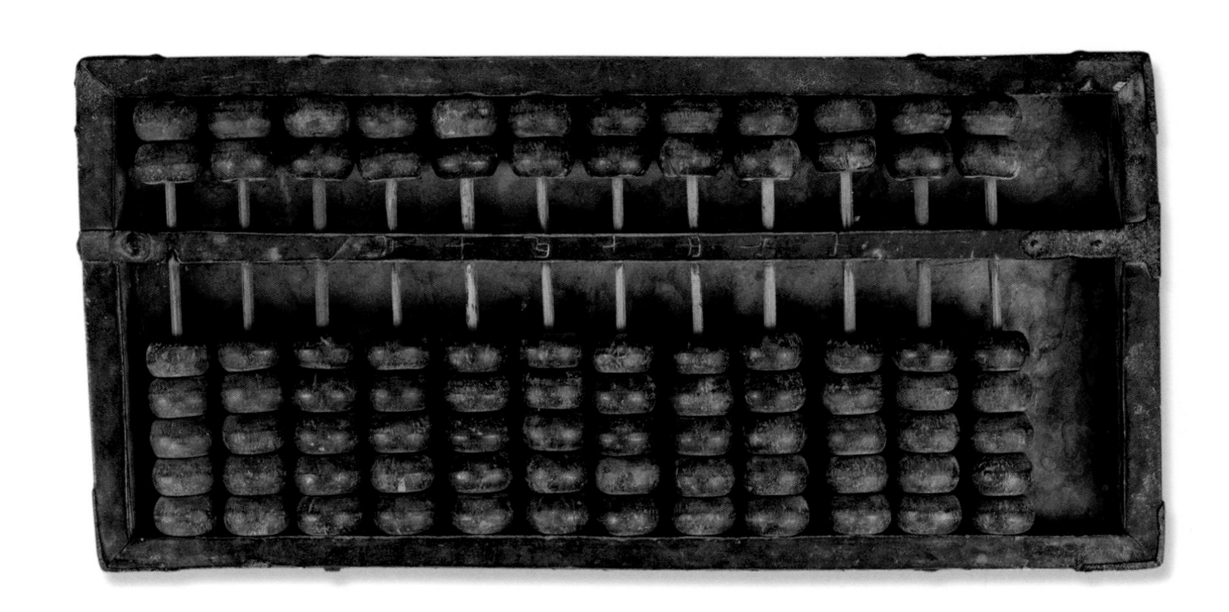

背板墨书：乾隆五十二年十一月十一日置／义合□／价□一百文／算盘

二五鼓珠 9 档木算盘

款识年代：清乾隆五十五年（1790）
长 30.5 厘米，宽 21 厘米，厚 3 厘米
私人藏品

底板边栏嵌铜丝刻字：俞顺之正记
背板墨书：乾隆伍拾伍年九月

二五鼓珠13档木算盘

款识年代：清乾隆五十六年（1791）
长41.5厘米，宽22.5厘米，厚3.3厘米
私人藏品

背板墨书：乾隆五十六年置/嘉庆十八年/米卅二筒升/二两□□思□□□□举人随□一□会试/止□□□□人□□女□□□□

底板边栏嵌铜丝刻字：俞顺之老房

二五鼓珠 17 档木算盘

款识年代：清乾隆五十六年（1791）
长 50 厘米，宽 21 厘米，厚 2 厘米
私人藏品

明清土地的类型多样，这把算盘上的记事内容正反映了乾隆五十六年（1791）时义和堂附近的用地状况：墙背后是小巷，有九亩民坡地，后面有四分五厘坟地，墙东有小贩和四亩七分军地。

背板墨书：
乾隆五十六年四月八置/赤心
从村南买□□
军粮地贰亩七分七厘
朱戳印：□
义和堂
墙背后小巷
民坡地九亩
后地坟四分五厘
墙东卖小庐
军地四亩七分

二五鼓珠 9 档木算盘

款识年代：清嘉庆九年（1804）
长 29.5 厘米，宽 20 厘米，厚 3 厘米
私人藏品

背板墨书：德顺/嘉庆玖年青和月置
底板边栏嵌铜丝刻字：俞顺之老房

二五鼓珠 9 档木算盘

款识年代：清嘉庆十一年（1806）
长 32 厘米，宽 22 厘米，厚 3 厘米
私人藏品

背板墨书：嘉庆拾壹年四月制
底板边栏嵌铜丝刻字：俞顺之老房

二五鼓珠9档木算盘

款识年代：清嘉庆十一年（1806）
长32厘米，宽24厘米，厚3厘米
私人藏品

背板墨书：嘉庆十一年菊月／□□□记
底板边栏嵌铜丝刻字：俞顺之老房

二五鼓珠 13 档木算盘

款识年代：清嘉庆十一年（1806）
长 42 厘米，宽 17 厘米，厚 5 厘米
私人藏品

此算盘标明了制造者、使用者和购买时间。

背板墨书：嘉庆丙寅夏六月置/太平府王家村史永礼造/双虹书屋谕记

二五鼓珠 13 档木算盘

款识年代：清嘉庆十三年（1808）
长 32 厘米，宽 16.5 厘米，厚 2.5 厘米
私人藏品

背板墨书：张万冻记／嘉庆拾叁年五月廿五日置

二五鼓珠 13 档木算盘

款识年代：清嘉庆十五年（1810）
长 43 厘米，宽 22 厘米，厚 2 厘米
私人藏品

背板墨书：嘉庆拾伍年六月/永昌号

二五鼓珠 9 档木算盘

款识年代：清嘉庆十八年（1813）
长 31 厘米，宽 20 厘米，厚 3 厘米
私人藏品

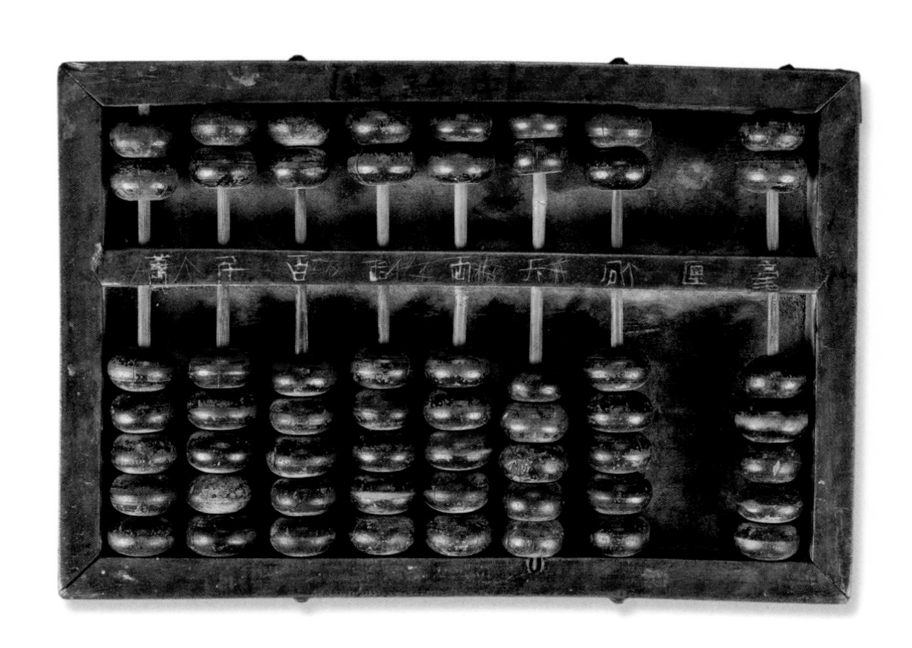

背板墨书：嘉庆十八年
底板边栏嵌铜丝刻字：俞老三房

二五鼓珠9档木算盘

款识年代：清嘉庆二十年（1815）
长32厘米，宽22厘米，厚3厘米
私人藏品

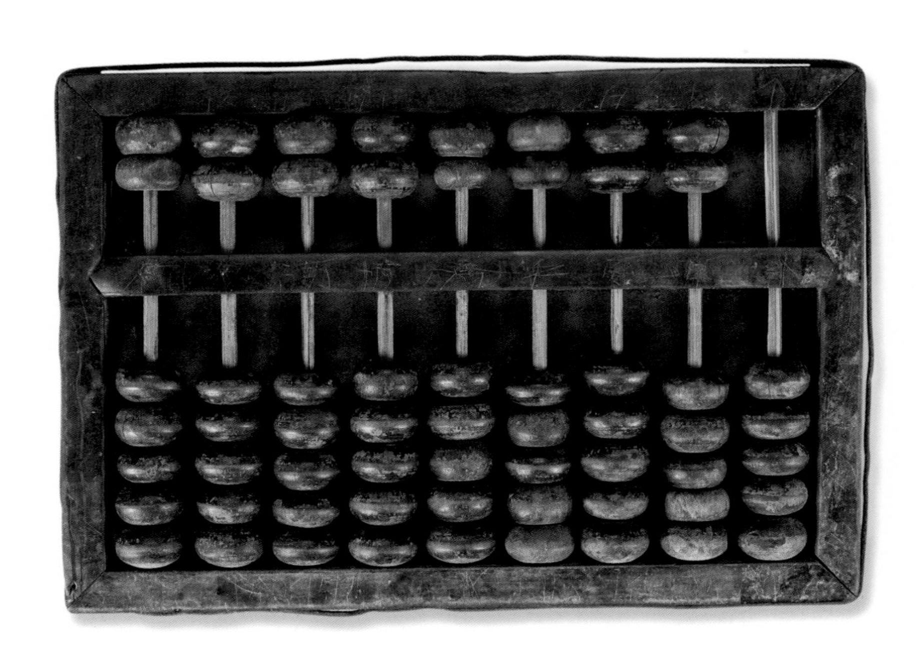

背板墨书：嘉庆贰拾年置/修德堂置/□□薛记
底板边栏嵌铜丝刻字：俞顺之老店

二五鼓珠 13 档木算盘

款识年代：清嘉庆二十五年（1820）
长 35.4 厘米，宽 19 厘米，厚 3.2 厘米
私人藏品

背板墨书：嘉庆贰拾伍年新正月吉日□立/价钱三佰贰拾文/王□/盈/泰记
底板边栏嵌铜丝刻字：俞顺之老房

二五鼓珠 19 档木算盘

款识年代：清嘉庆（1760~1820）
长 50 厘米，宽 18 厘米，厚 2 厘米
私人藏品

背板墨书：嘉庆／使钱七拾文／陈□／三月十七日立置

二五鼓珠 13 档木算盘

款识年代：清道光元年（1821）
长 38 厘米，宽 19 厘米，厚 3 厘米
私人藏品

背板墨书：道光辛巳元年/林□□□置/长发/其祥

二五鼓珠 13 档木算盘

款识年代：清道光元年（1821）
长 33 厘米，宽 16 厘米，厚 2 厘米
私人藏品

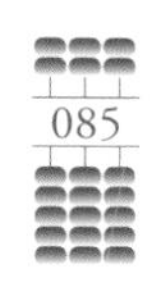

背板墨书：道光元年置/价钱柒拾文/主人王好□记

二五鼓珠 11 档木算盘

款识年代：清道光五年（1825）
长 33 厘米，宽 20 厘米，厚 2.4 厘米
私人藏品

背板墨书：道光五年五月拾五日巳时制/公和泰记

底板边栏嵌铜丝刻字：俞顺之老店

二五鼓珠 11 档木算盘

款识年代：清道光八年（1828）
长 36 厘米，宽 21 厘米，厚 2.2 厘米
私人藏品

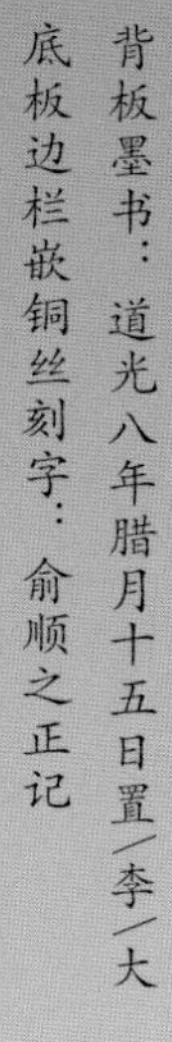

背板墨书：道光八年腊月十五日置/李/大

底板边栏嵌铜丝刻字：俞顺之正记

二五鼓珠 9 档木算盘

款识年代：清道光十二年（1832）

长 51 厘米，宽 20 厘米，厚 3.3 厘米

私人藏品

背板墨书：道光拾贰年记□德记
底板边栏嵌铜丝刻字：俞顺之正记

二五鼓珠 17 档木算盘

款识年代：清道光十二年（1832）
长 51 厘米，宽 21.5 厘米，厚 2.5 厘米
私人藏品

背板墨书：大清道光拾贰□五日任□置/同治五年二月二十五日置□壹百七十五文/主人文德顺记

二五鼓珠 13 档木算盘

款识年代：清道光十四年（1834）
长 41 厘米，宽 21 厘米，厚 3.3 厘米
私人藏品

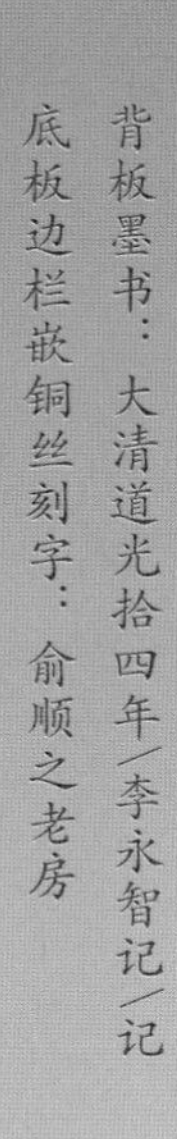

背板墨书：大清道光拾四年/李永智记/记
底板边栏嵌铜丝刻字：俞顺之老房

二五鼓珠 11 档木算盘

款识年代：清道光十七年（1837）
长 35 厘米，宽 20 厘米，厚 2.2 厘米
私人藏品

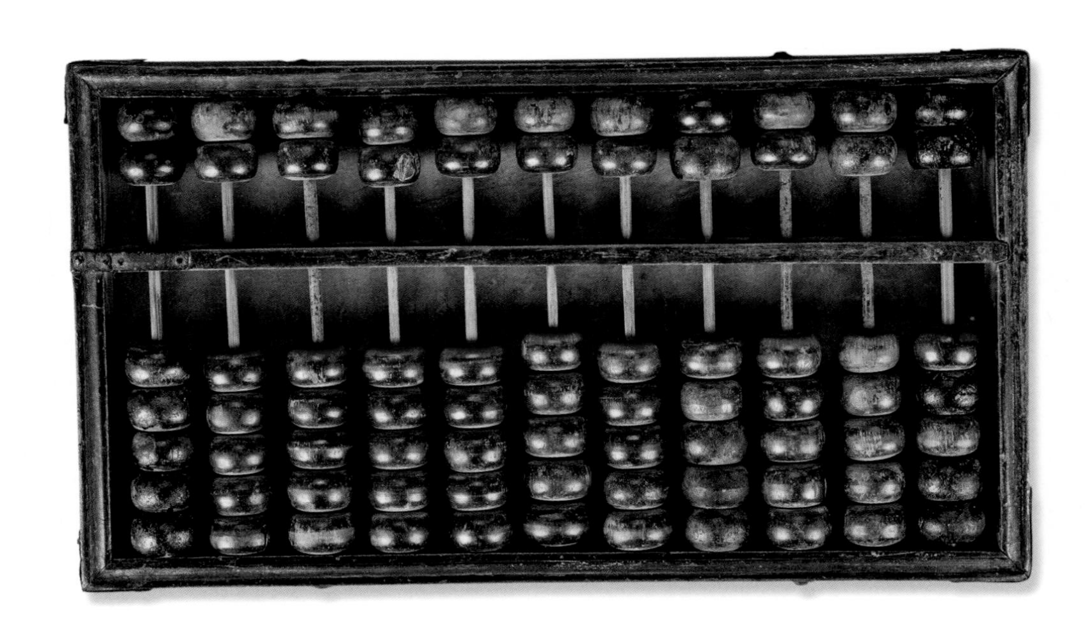

背板墨书：道光拾柒年四月十八日

二五鼓珠 13 档木算盘

款识年代：清道光十八年（1838）
长 43 厘米，宽 21 厘米，厚 2 厘米
私人藏品

背板墨书：道光十八年正月□苏州府捎□/永春粮□/□□钱壹佰伍拾文

底板边栏嵌铜丝刻字：俞顺之老房

二五鼓珠9档木算盘

款识年代：清道光二十三年（1843）
长32厘米，宽23厘米，厚2.6厘米
私人藏品

背板墨书：道光贰拾叁年/合兴宝号/癸卯年置/合兴信记/

底板边栏嵌铜丝刻字：俞顺之老房

二五鼓珠 13 档木算盘

款识年代：清道光二十六年（1846）
长 39 厘米，宽 20 厘米，厚 2 厘米
私人藏品

背板墨书：道光廿六年四月十五日

二五鼓珠 13 档木算盘

款识年代：清道光二十六年（1846）
长 37 厘米，宽 19 厘米，厚 2 厘米
私人藏品

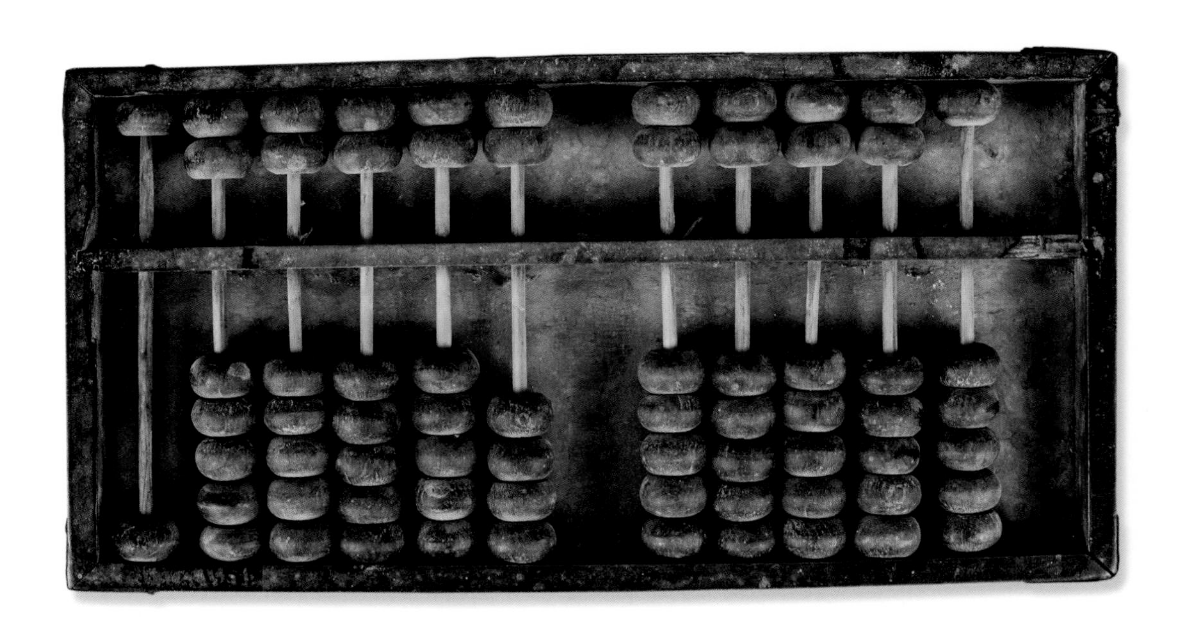

背板墨书：道光贰拾陆年/唐维

二五鼓珠 19 档木算盘

款识年代：清道光二十九年（1849）
长 51 厘米，宽 18 厘米，厚 1.8 厘米
私人藏品

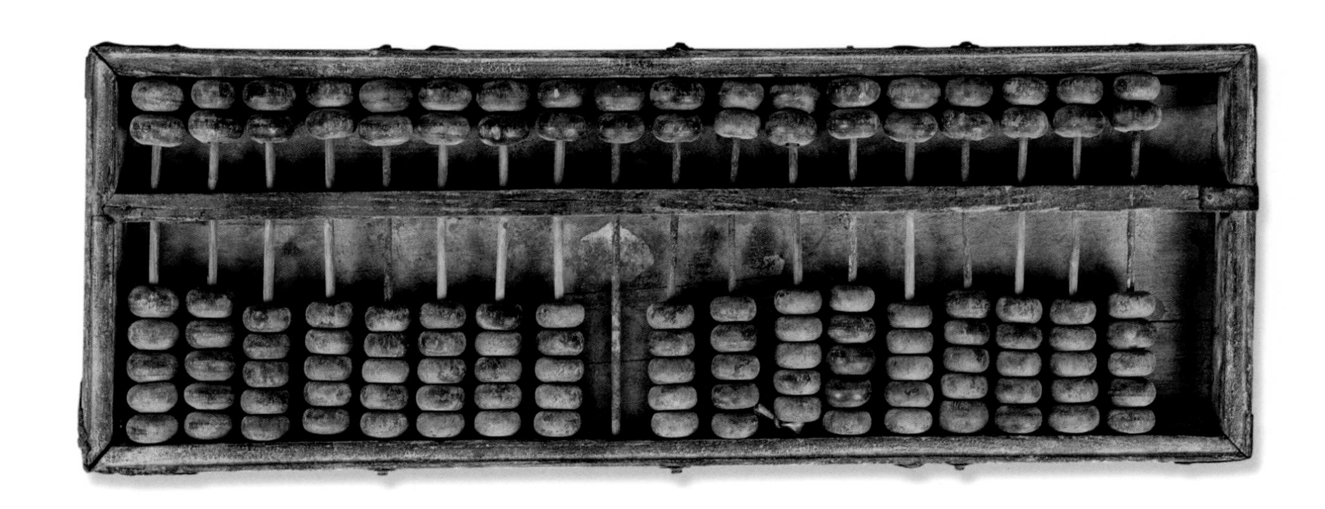

背板墨书：道光二十九□

二五鼓珠 11 档木算盘

款识年代：清道光二十九年（1849）
长 36 厘米，宽 18 厘米，厚 2 厘米
私人藏品

背板墨书：道光贰拾玖年
底板边栏嵌铜丝刻字：俞顺之老房

二五鼓珠 13 档木算盘

款识年代：清道光（1821~1850）
长 42 厘米，宽 21 厘米，厚 2 厘米
私人藏品

背板墨书：道光□□年八月置／永盛□记
底板边栏嵌铜丝刻字：俞顺之正记

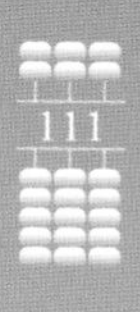

二五鼓珠 9 档木算盘

款识年代：清道光（1821~1850）
长 32 厘米，宽 24 厘米，厚 2.8 厘米
私人藏品

背板墨书：道光/己卯年九月吉日/光绪贰年正月二十二/三合

底板边栏嵌铜丝刻字：俞顺之老房/全顺利记

二五鼓珠11档木算盘

款识年代：清道光（1821~1850）
长22厘米，宽13厘米，厚3厘米
私人藏品

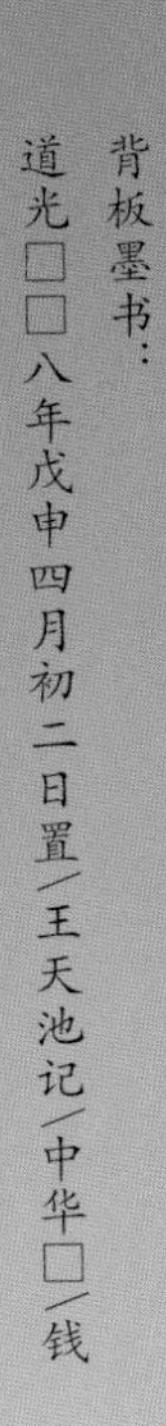
背板墨书：
道光□□八年戊申四月初二日置／王天池记／中华□／钱

二五鼓珠9档木算盘

款识年代：清咸丰元年（1851）

长29厘米，宽20厘米，厚2厘米

私人藏品

背板墨书：咸丰元年立/日进斗金/正□□

二五鼓珠9档木算盘

款识年代：清咸丰六年（1856）
长28厘米，宽19厘米，厚2厘米
私人藏品

此算盘写有商号“裕诚丰”，商号里配备的算盘主要是账房先生算账使用，商号款的算盘反映了当时繁茂的商业活动。

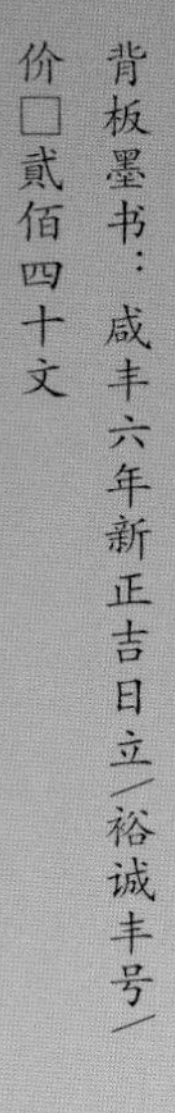

背板墨书：咸丰六年新正吉日立/裕诚丰号/价□贰佰四十文

二五鼓珠 11 档木算盘

款识年代：清咸丰八年（1858）
长 35 厘米，宽 22 厘米，厚 2 厘米
私人藏品

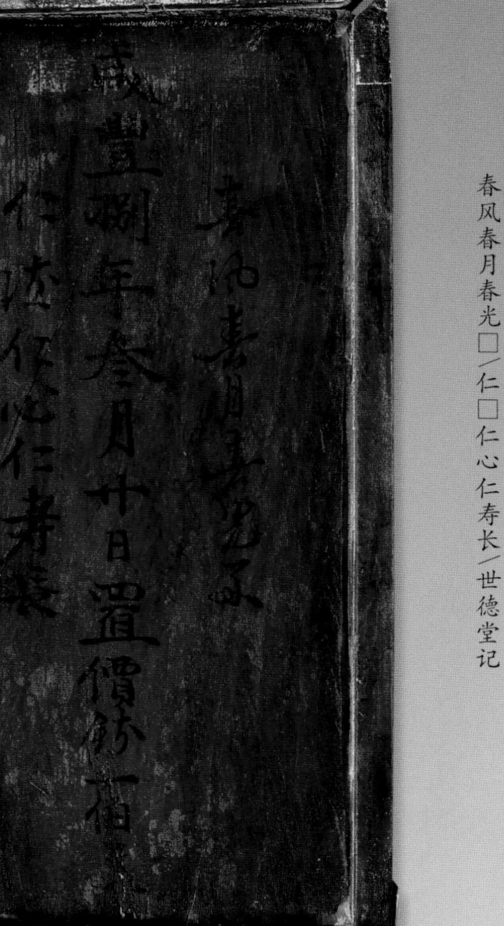

背板墨书：咸丰捌年叁月廿日置价钱一佰文／春风春月春光□／仁□仁心仁寿长／世德堂记

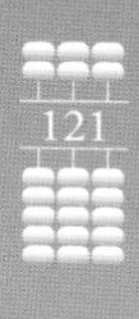

二五鼓珠13档木算盘

款识年代：清咸丰九年（1859）
长33厘米，宽19厘米，厚2.5厘米
私人藏品

背板墨书：咸丰玖年贰月拾□日置

二五鼓珠9档木算盘

款识年代：清咸丰十年（1860）
长28厘米，宽19厘米，厚2.6厘米
私人藏品

背板墨书：
咸丰拾年置元泰恒置/□从□上□月□□二安□□/□福□吉十

二五鼓珠 13 档木算盘

款识年代：清同治四年（1865）
长 36 厘米，宽 16 厘米，厚 2 厘米
私人藏品

背板墨书：
同治肆年吉日/王乙丑十月/壬乙丑仲/月季/信□/□□王风□雷雨

二五鼓珠 9 档木算盘

款识年代：清同治五年（1866）
长 22 厘米，宽 13 厘米，厚 2.6 厘米
私人藏品

背板墨书：同治伍年/□山号

二五鼓珠13档木算盘

款识年代：清同治九年（1870）
长38厘米，宽18厘米，厚2.2厘米
私人藏品

背板墨书：同治九年吉/顾记/元富/算

二五鼓珠9档木算盘

款识年代：清同治十一年（1872）
长 26.5 厘米，宽 19.5 厘米，厚 2 厘米
私人藏品

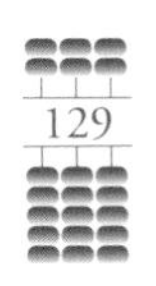

背板墨书：令□/□算账使用/同治十壹年□文成馆置

二五鼓珠15档木算盘

款识年代：清光绪三年（1877）
长47厘米，宽25厘米，厚3厘米
私人藏品

背板墨书：光绪叁年/三余堂记
底板边栏嵌铜丝刻字：张惠大老店

二五鼓珠 13 档木算盘

款识年代：清光绪五年（1879）
长 35.5 厘米，宽 18 厘米，厚 3 厘米
私人藏品

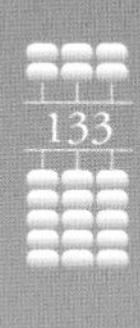

背板墨书：
光绪五年拾贰月初八日/辛/礼仁/叁佰五

二五鼓珠 11 档木算盘

款识年代：清光绪十年（1884）
长 28 厘米，宽 16 厘米，厚 3 厘米
私人藏品

背板墨书：光绪拾年三月日/骏发/□□

二五鼓珠 11 档木算盘

款识年代：清光绪十一年（1885）
长 30.5 厘米，宽 17.8 厘米，厚 2.8 厘米
私人藏品

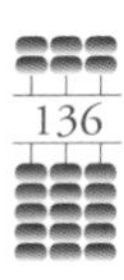

背板墨书：四言/世盛德/老段/赵伦记/光绪十壹年/日日可打/赵占甲记/赵如记/中华民国拾柒年□月立

二五鼓珠 9 档木算盘

款识年代：清光绪十六年（1890）
长 28 厘米，宽 19 厘米，厚 2.8 厘米
私人藏品

背板墨书：光绪庚寅年辛巳月辛亥日/指下恋气/张/玉醴湧

二五鼓珠 13 档木算盘

款识年代：清光绪二十三年（1897）
长 40 厘米，宽 19 厘米，厚 2 厘米
私人藏品

背板墨书：光绪贰拾叁年／交字

二五菱珠 15 档木算盘

款识年代：清光绪二十九年（1903）
长 39 厘米，宽 17.5 厘米，厚 2 厘米
私人藏品

背板墨书：光绪廿九年置□□□/刘博村

二五鼓珠 13 档木算盘

款识年代：清光绪三十年（1904）
长 43 厘米，宽 20 厘米，厚 2.6 厘米
私人藏品

背板墨书：同顺号/甲辰年
底板边栏嵌铜丝刻字：俞顺之老房

二五鼓珠 13 档木算盘

款识年代：清光绪（1871~1908）
长 33 厘米，宽 17 厘米，厚 2.5 厘米
私人藏品

背板刻字：光绪卅□年□月十八置／郭万治记／十月廿二
边栏刻字：万治

二五鼓珠 9 档木算盘

款识年代：清宣统元年（1909）
长 27 厘米，宽 18 厘米，厚 2.6 厘米
私人藏品

背板墨书：宣统元年置/生记/福

二五鼓珠 13 档木算盘

款识年代：清宣统二年（1910）
长 16 厘米，宽 9 厘米，厚 1.2 厘米
私人藏品

此算盘记录了程守先于清宣统二年（1910）自己制作了这把算盘。后来一位叫“程和明”的小朋友用红色记号笔留下了笔画稚嫩的签名，这不失是一种有趣的时空交织。

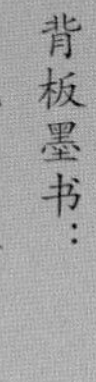
背板墨书：

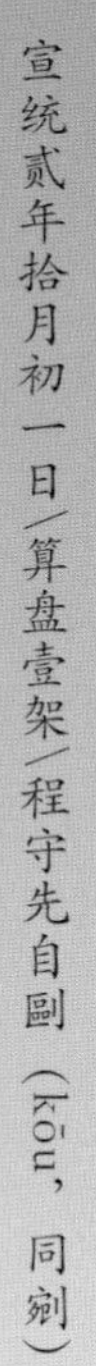
宣统贰年拾月初一日/算盘壹架/程守先自剅（kōu，同剜）

民国时期到新中国成立后的珠算

民国时期，民族工商业有所发展，商埠增加，金融汇兑、商业买卖的计算工作日趋繁重，作为我国主要计算技术的珠算在此时期也有相应发展。珠算进入课堂，教育家们编写了许多珠算课本。据统计，民国时期出版的珠算书籍达到80多种。在算法上，此时期注重对金蝉除、飞归的改进，提倡商除法，并出现了省乘省除法。1949年后，学者们关注对珠算算法的总结归纳，结合历史图像和考古新发现推进对算盘溯源、珠算史的研究，一大批学者致力于对珠算速计法和基础珠算教育的研究。

二五鼓珠 13 档木算盘

款识年代：民国八年（1919）
长 34 厘米，宽 16 厘米，厚 1.7 厘米
私人藏品

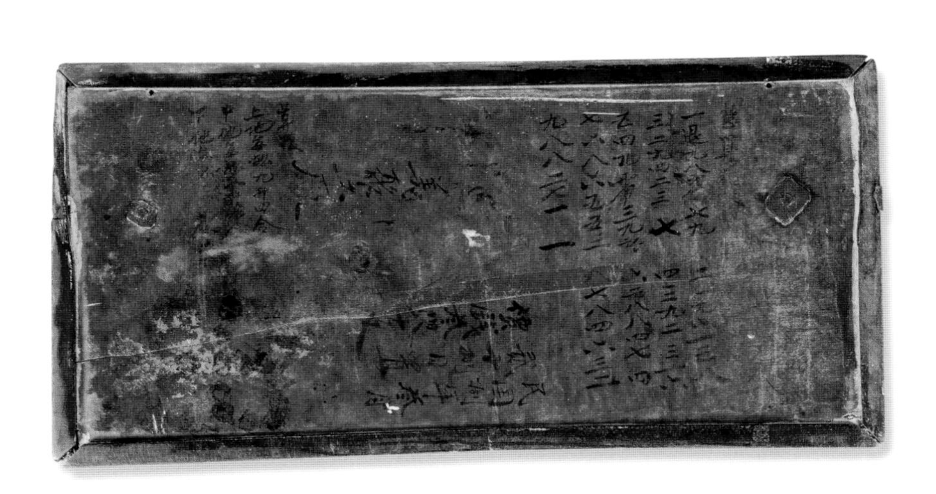

背板墨书：
民国捌年叁月贰十捌日置/
价钱叁佰八十文/美聚工厂

这把算盘记录了购买时间、价钱、使用者，以及珠算口诀。

二五鼓珠 11 档木算盘

款识年代：民国十五年（1926）
长 28.5 厘米，宽 16.5 厘米，厚 2.6 厘米
私人藏品

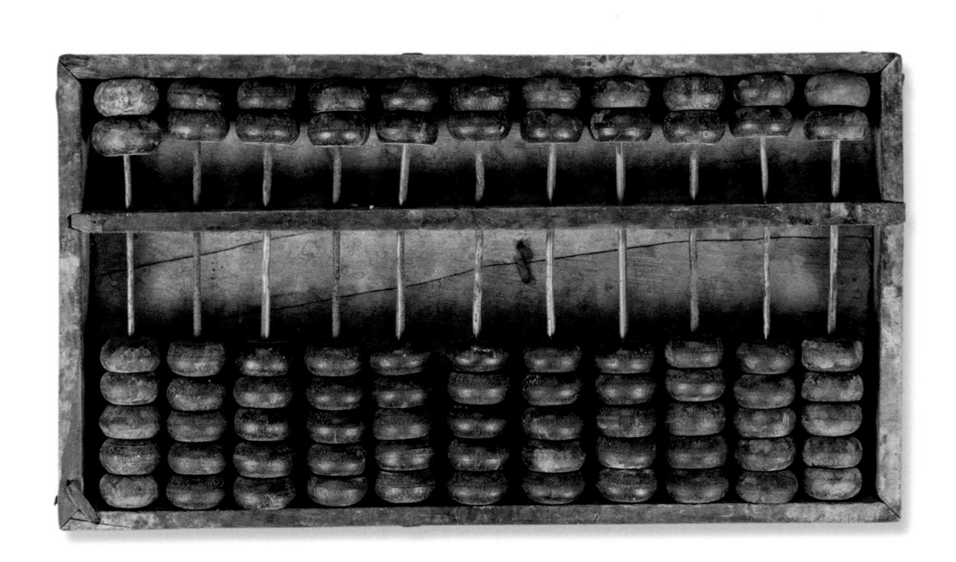

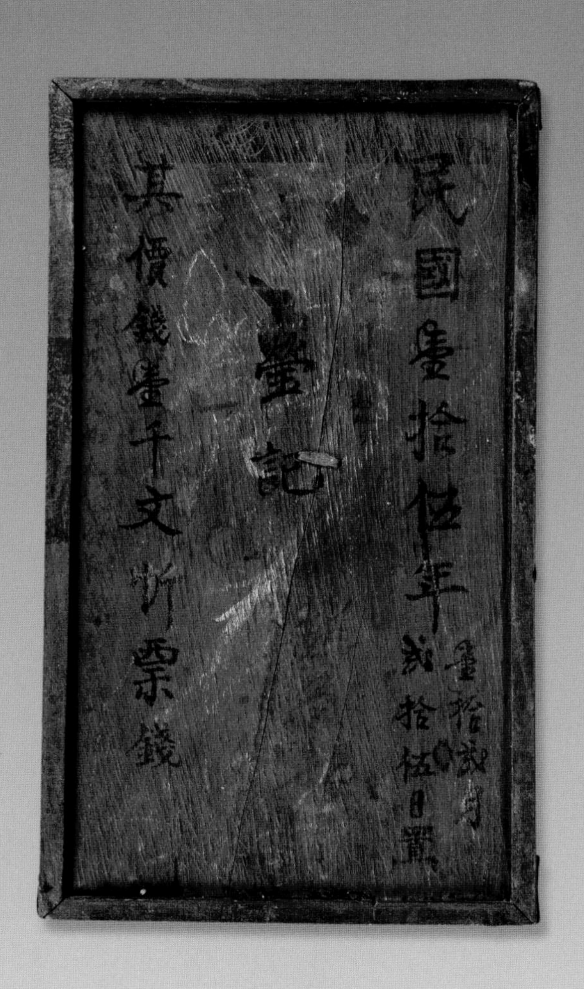

背板墨书：民国壹拾伍年壹拾贰月贰拾伍日置/莹记/其价钱壹千文忻票钱

二五鼓珠 11 档木算盘

款识年代：民国十九年（1930）
长 32.5 厘米，宽 17 厘米，厚 1.7 厘米
私人藏品

背板墨书：庚午年杨春奎记算盘/公元一九□□年□月□□□/民国十玖年置

二五鼓珠 13 档木算盘

款识年代：民国二十年（1931）
长 32 厘米，宽 16 厘米，厚 2 厘米
私人藏品

背板墨书：民国辛未年桃月初三日置/三日置清/成怀亮用/三合永记

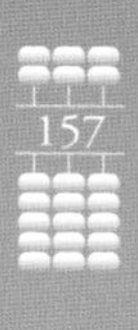

二五鼓珠 11 档木算盘

1932~1945 年
长 28 厘米，宽 17 厘米，厚 2 厘米
私人藏品

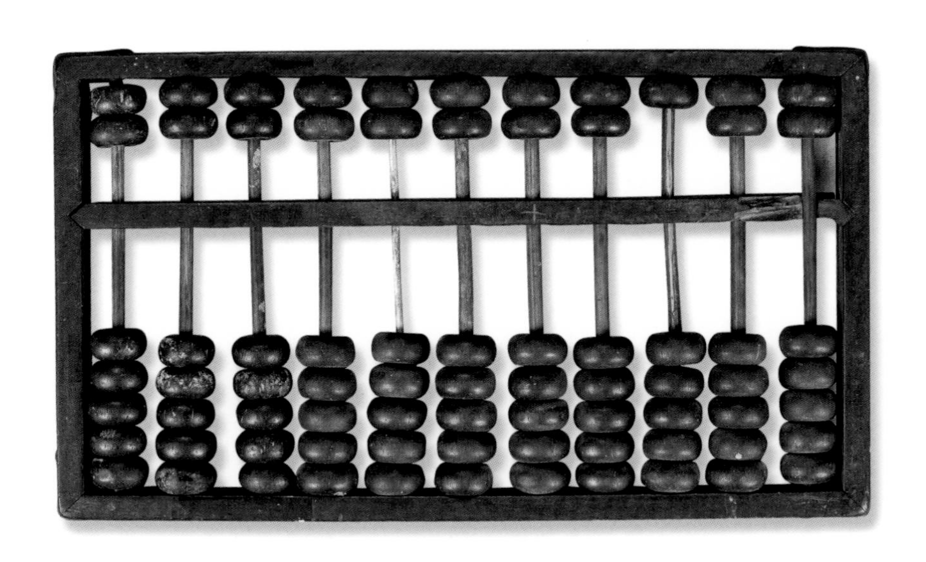

二五鼓珠 13 档木算盘

民国时期

长 38 厘米，宽 19 厘米，厚 2 厘米

私人藏品

边栏刻字：广州\简泗兴造\大新路

1949 年以后的算盘

二五鼓珠 13 档木算盘

款识年代：1950 年

长 36 厘米，宽 18 厘米，厚 2 厘米

私人藏品

背板墨书：承德 福兴车店 一九五〇年置

二五鼓珠 13 档木算盘

约 1950 年代
长 34 厘米，宽 20 厘米，厚 2 厘米
私人藏品

背板墨书：反对侵略战争/保卫世界和平/掀起建设高潮

这把算盘墨书反映了当时的使用者热爱祖国、向往和平的志向。

一五菱珠 27 档木算盘

约 1950 年代
长 38.6 厘米，宽 6.8 厘米，厚 2 厘米
私人藏品

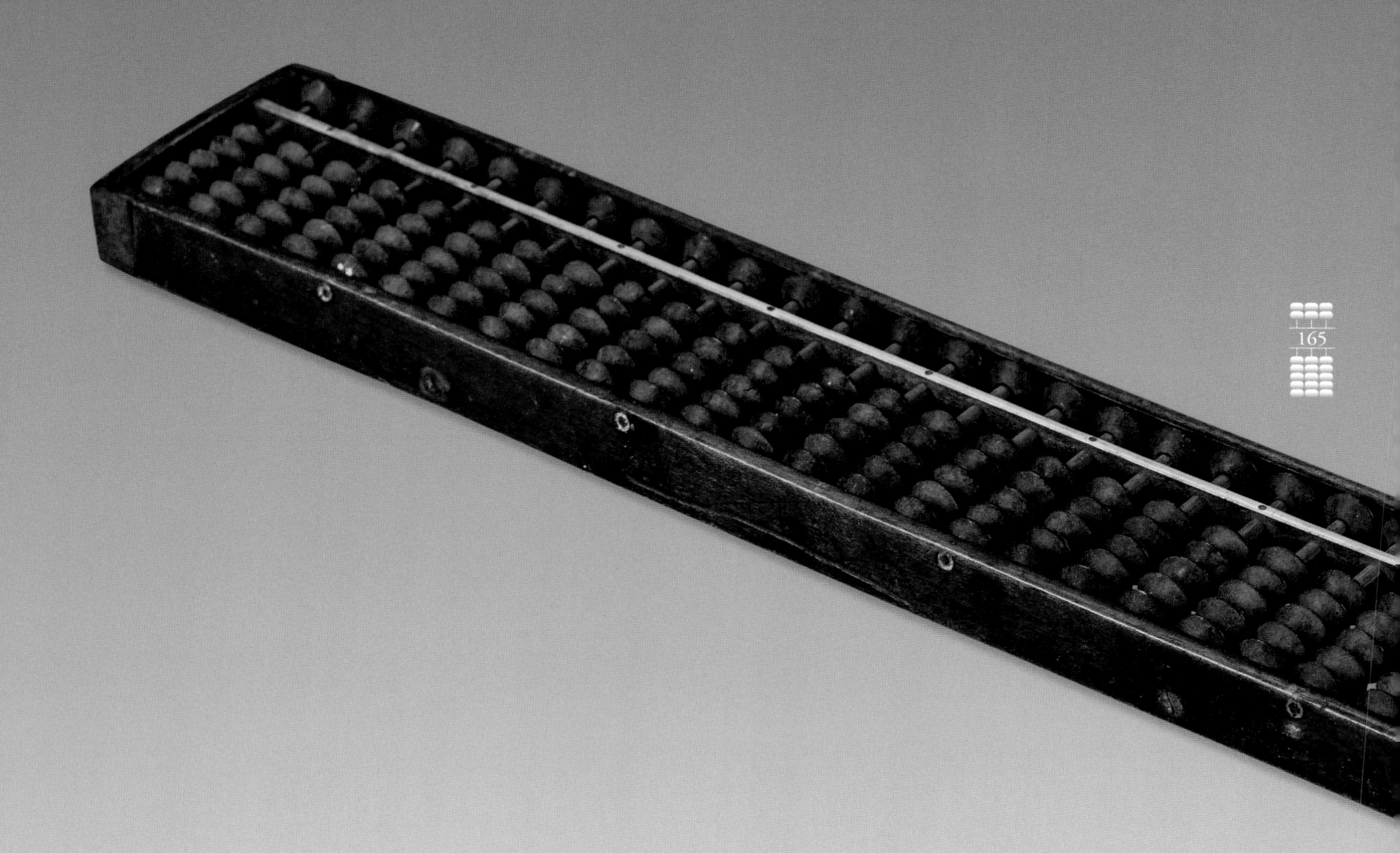

二五鼓珠 13 档木算盘

款识年代：约 1950 年代
长 37 厘米，宽 17 厘米，厚 2 厘米
私人藏品

背板墨书：No.23 / 195□/□月十六日制/王振秀

二五鼓珠 11 档木算盘

款识年代：1959 年
长 23 厘米，宽 14 厘米，厚 3 厘米
私人藏品

背板墨书：公元一九五九年立/友招记/何友□

二五鼓珠 13 档木算盘

约 1960 年代
长 38 厘米，宽 18.3 厘米，厚 3 厘米
私人藏品

回春堂

二五鼓珠 13 档木算盘

1968 年
长 39 厘米，宽 18 厘米，厚 3 厘米
私人藏品

二五鼓珠 17 档木算盘

1976 年

长 44.5 厘米，宽 17.3 厘米，厚 2.8 厘米

南通中国珠算博物馆藏

一鼓珠11档二进制木算盘

现代
长21厘米，宽7厘米，厚2厘米
南通中国珠算博物馆藏

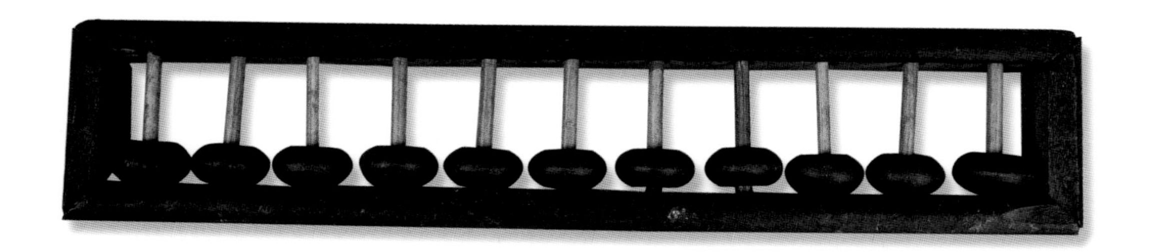

三五鼓珠9档带计算器算盘

现代

长22.5厘米，宽21.3厘米，厚2.2厘米

南通中国珠算博物馆藏

珠算在日本的传播与影响

算盘传到日本，是中日数学交流史和文化史上的重要实践。早在明初，载有算盘图像的看图识字书《魁本对相四言》就已传到了日本。16 世纪在日西方传教士也记录过日本使用珠算的情况。当时，介绍珠算知识的书籍与算盘相伴传到日本，以程大位《算法统宗》影响最大，16 世纪后期，算盘已经成为日本流行的计算工具。

一五菱珠 9 档木算盘

约 20 世纪初
长 21 厘米，宽 11 厘米，厚 3 厘米
合肥子木园博物馆藏

一五菱珠 27 档木算盘

1932～1945 年
长 47 厘米，宽 7 厘米，厚 2 厘米
私人藏品

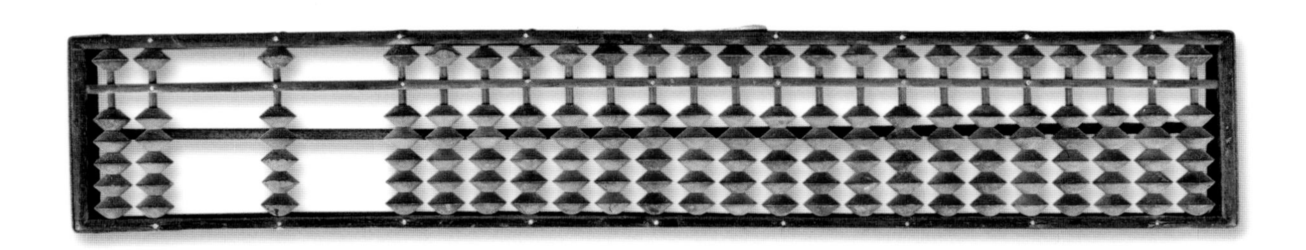

一五菱珠 13 档木算盘

1932～1945 年
长 30 厘米，宽 12 厘米，厚 2.5 厘米
私人藏品

一五菱珠 13 档木算盘

1932～1945 年
长 19.7 厘米，宽 6.7 厘米，厚 1.8 厘米
私人藏品

一五菱珠27档木算盘

1932～1945年
长38.2厘米，宽6.5厘米，厚1.9厘米
私人藏品

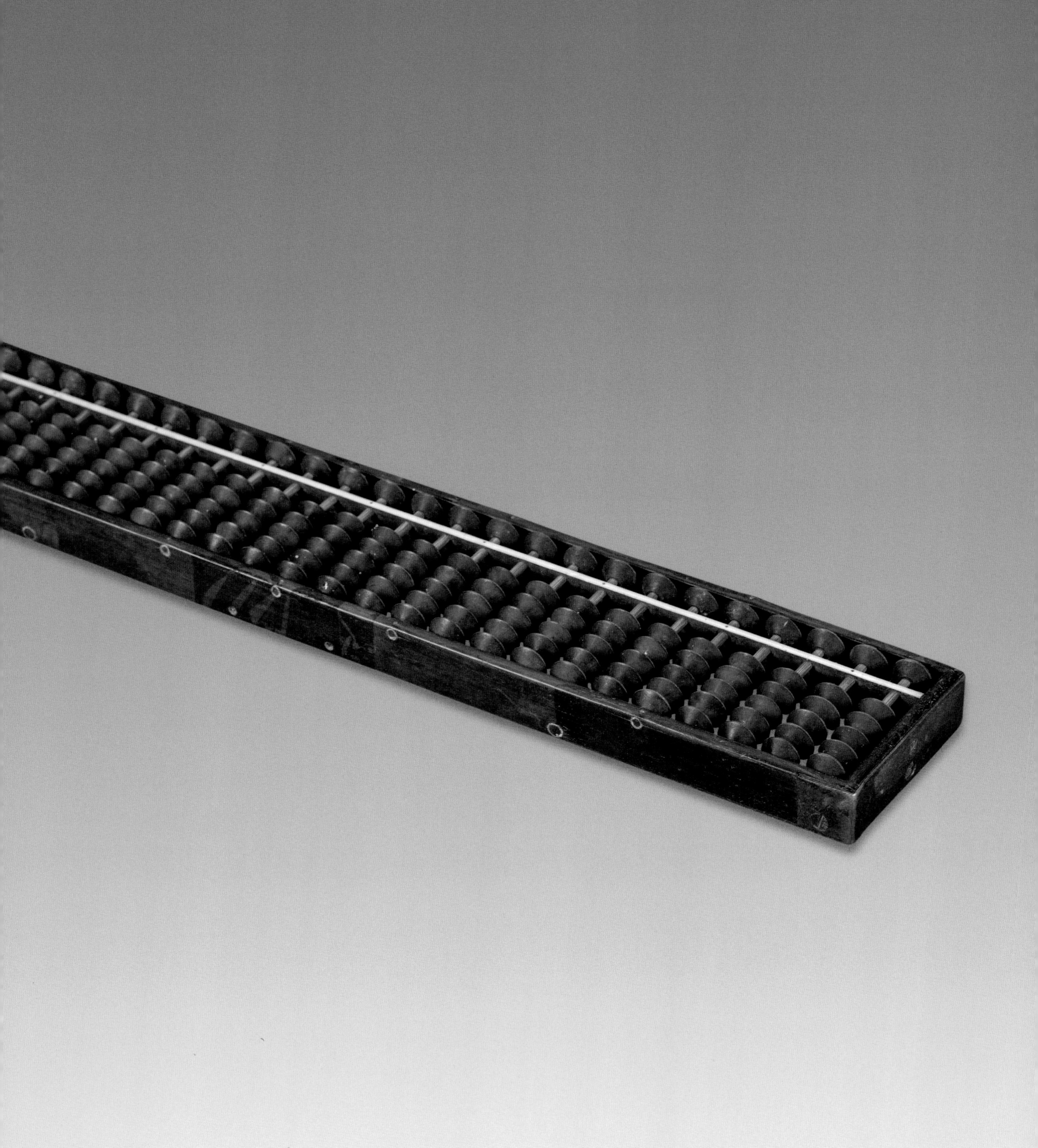

一五菱珠 27 档木算盘

1932～1945 年

长 38.5 厘米，宽 7 厘米，厚 2 厘米

私人藏品

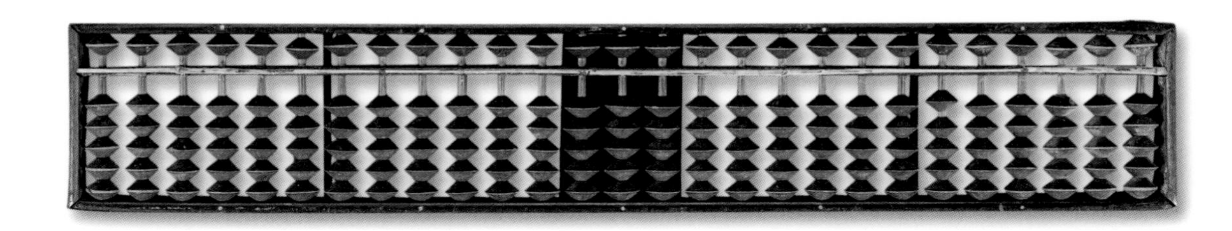

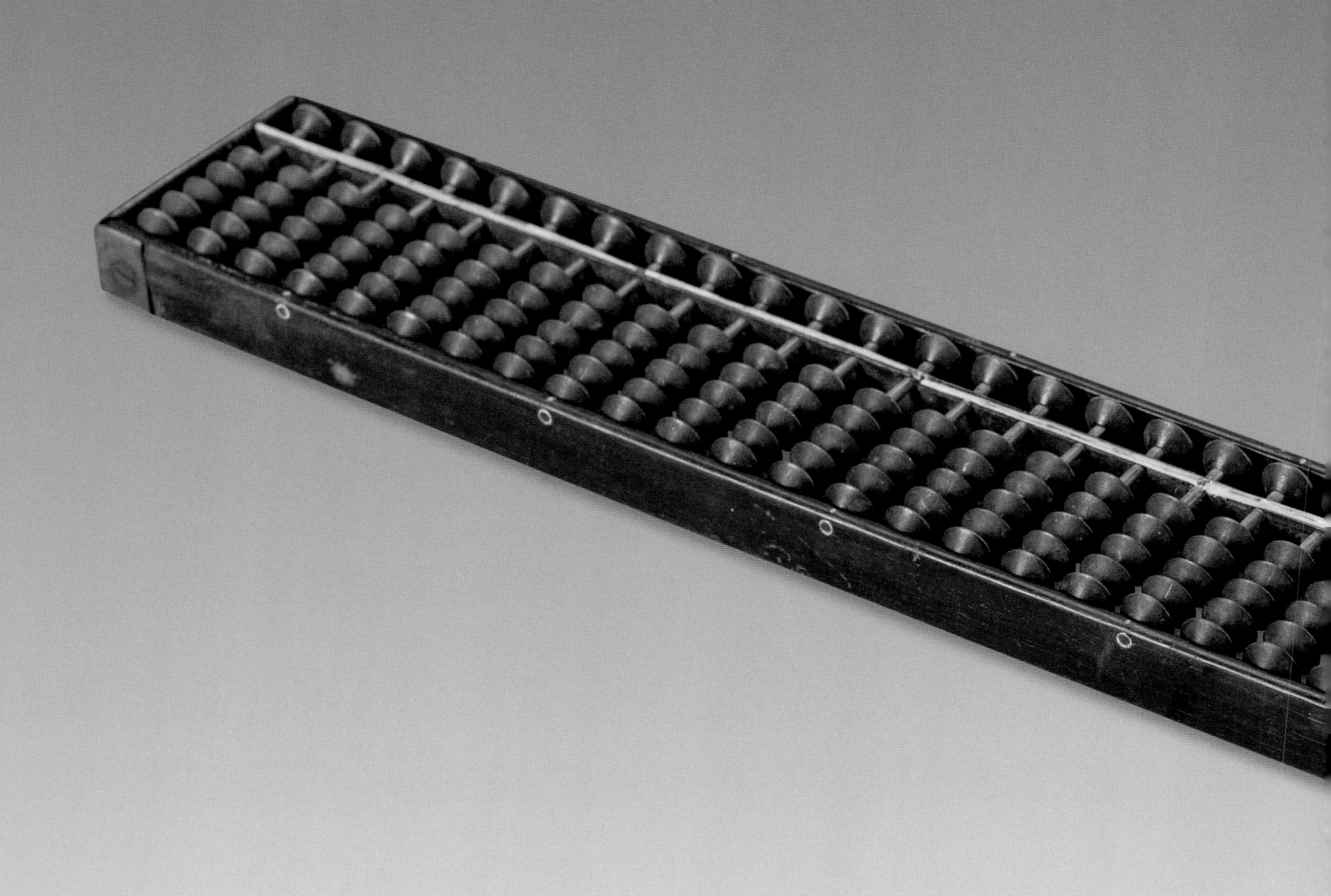

一五菱珠 13 档木算盘

现代

长 29 厘米，宽 10.5 厘米，厚 2 厘米

南通中国珠算博物馆藏

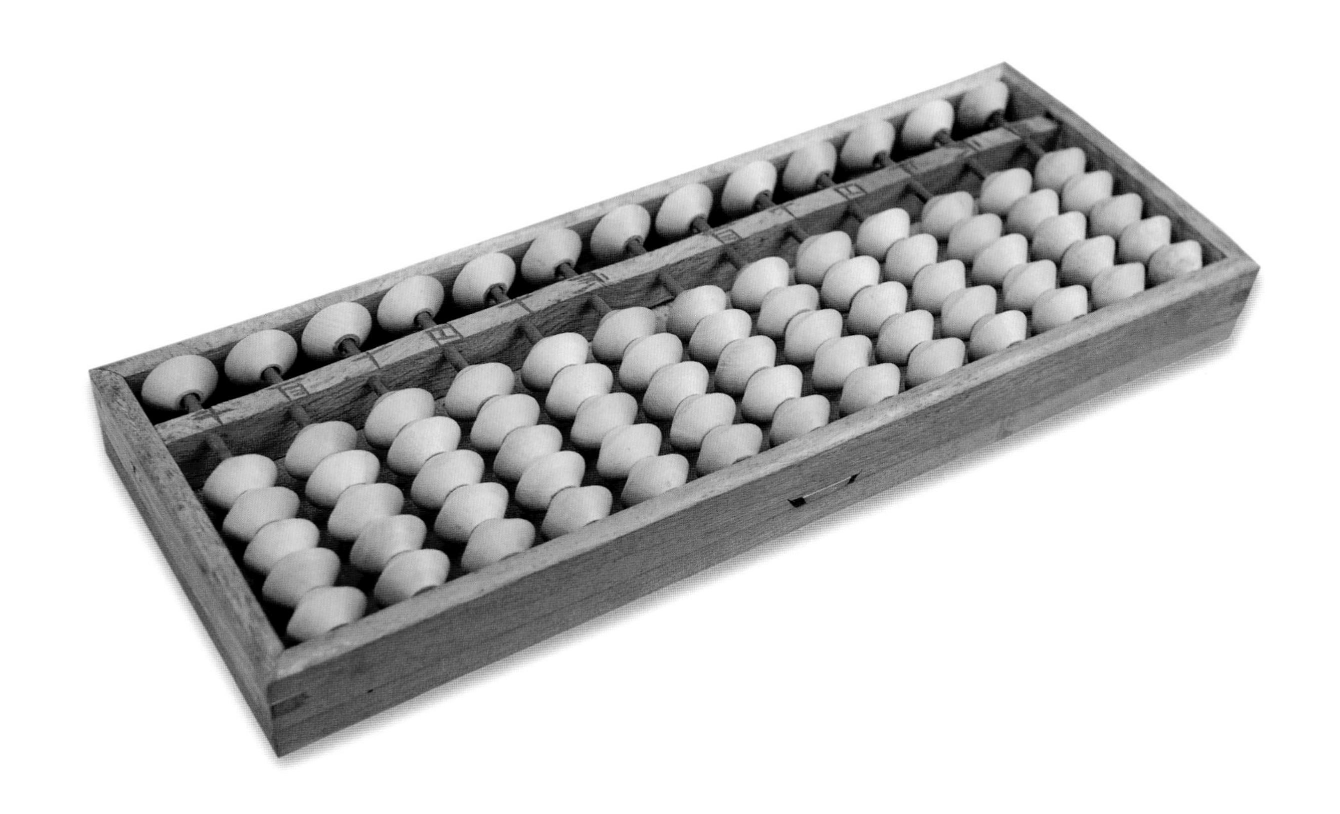

据学者研究，明晚期至清代中期，相当于日本的江户时代（1600~1868），算盘和珠算技术由中国传入日本，早期日本使用的是二五珠或一五珠的明式算盘，现代日本更流行使用一四珠算盘，不使用商除法，用归除法，使用隔位乘使乘除位数保持一致。这台是学校教学使用的示范型号的大算盘。

一五菱珠 21 档木算盘

现代
长 21 厘米，宽 11 厘米，厚 3 厘米
合肥子木园博物馆藏

日式算盘的一个特点是算珠的纵截面是菱形的，尺寸较小而档数较多。

珠算文化

广义珠算作为中国古代的重大发明，伴随国人经历了 1800 多年的漫长岁月。它以简便的计算工具和独特的数理内涵，被誉为“世界上最古老的计算机”，算盘的形象常常与“财源广进”“精于筹算”等意象相联系，在一些工艺美术品中有所体现。

嵌银算盘玉镯

清代

直径7.5厘米

南通中国珠算博物馆藏

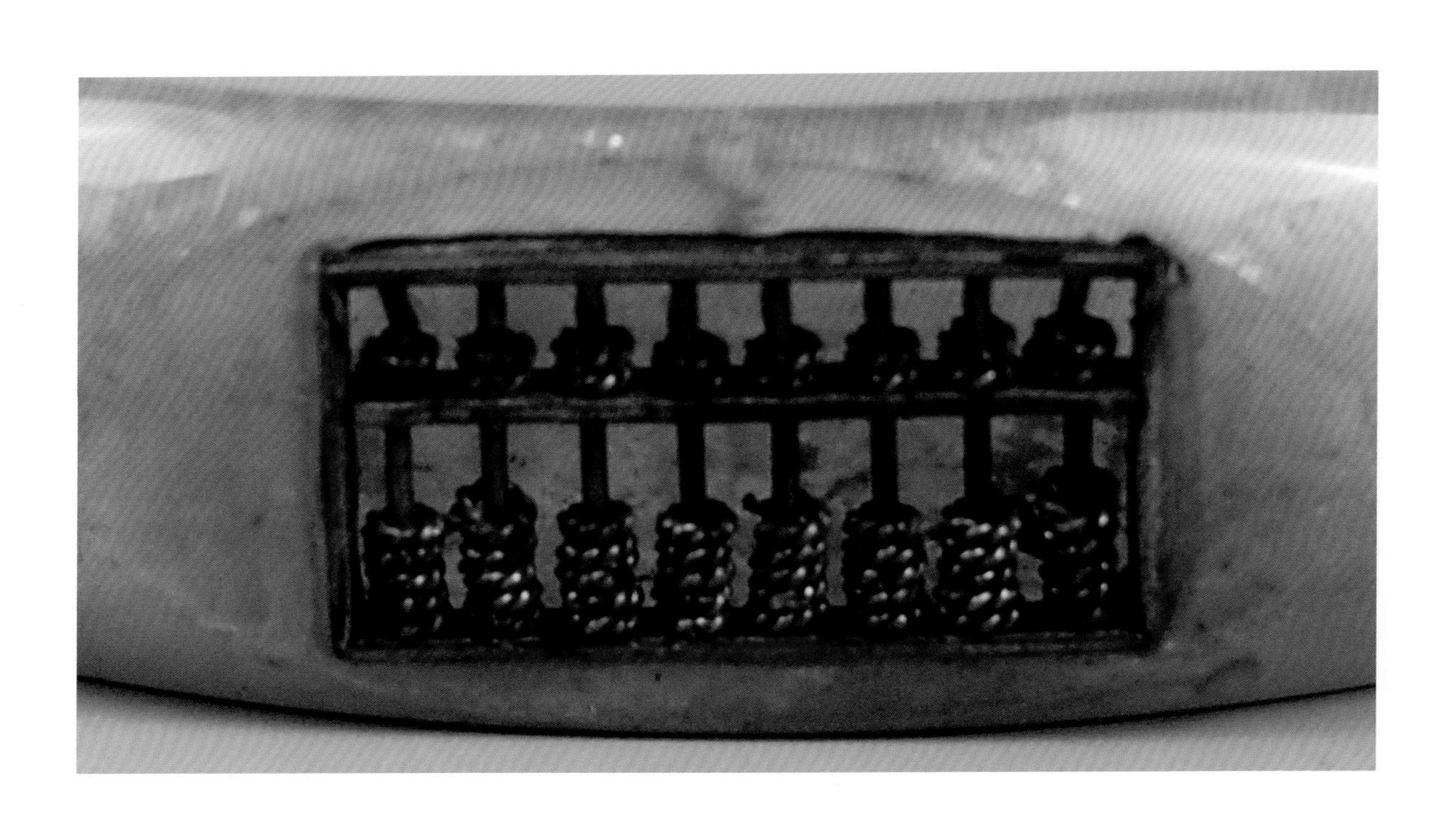

二五鼓珠 13 档镶螺钿木算盘

清代

长 28.7 厘米，宽 14.7 厘米，厚 2.2 厘米

南通中国珠算博物馆藏

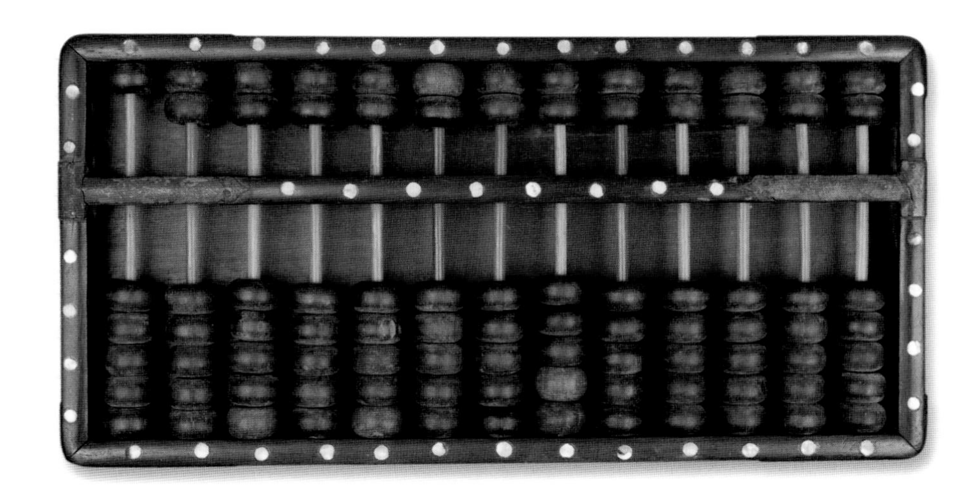

二五鼓珠 9 档微雕象牙算盘

清代

长 4 厘米，宽 2.2 厘米，厚 0.6 厘米

南通中国珠算博物馆藏

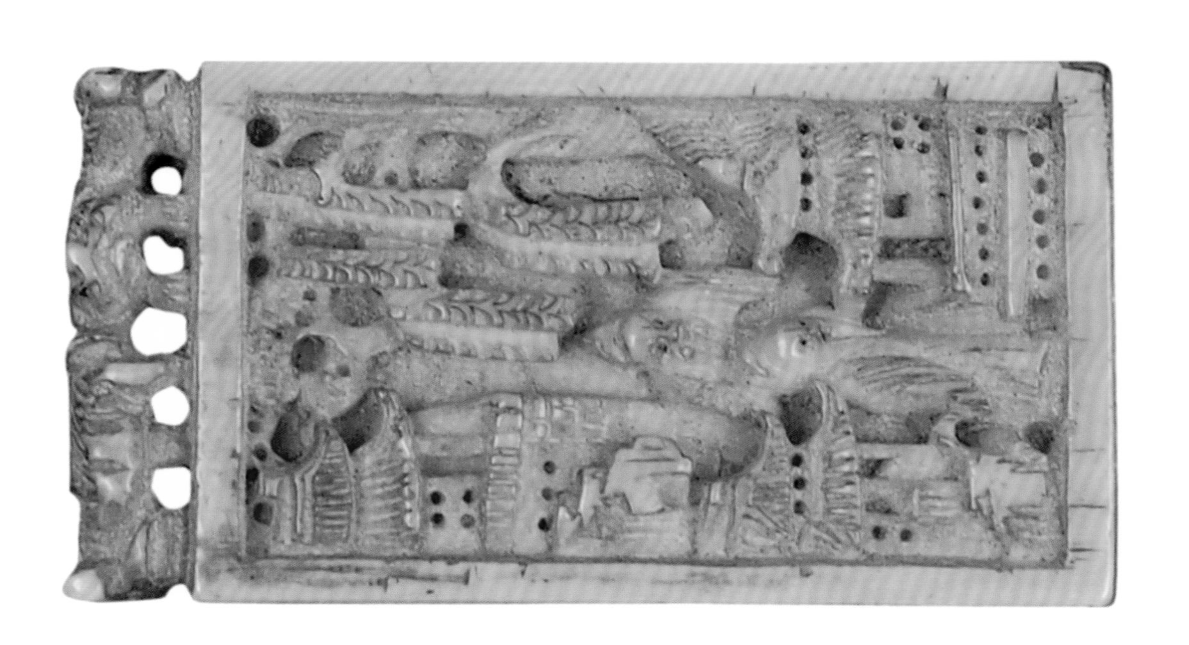

一四菱珠11档“不求人”形木算盘

1983年
长13.4厘米，宽5.5厘米，厚1.5厘米
南通中国珠算博物馆藏

一四珠 5 档蔬菜木算盘

现代

长 50 厘米，宽 30 厘米，厚 4 厘米

南通中国珠算博物馆藏

二五鼓珠 24 档八卦算盘

现代

对角线长 30.5 厘米

南通中国珠算博物馆藏

二五牌形算珠14档木算盘

现代

长62厘米，宽38厘米，厚3厘米

南通中国珠算博物馆藏

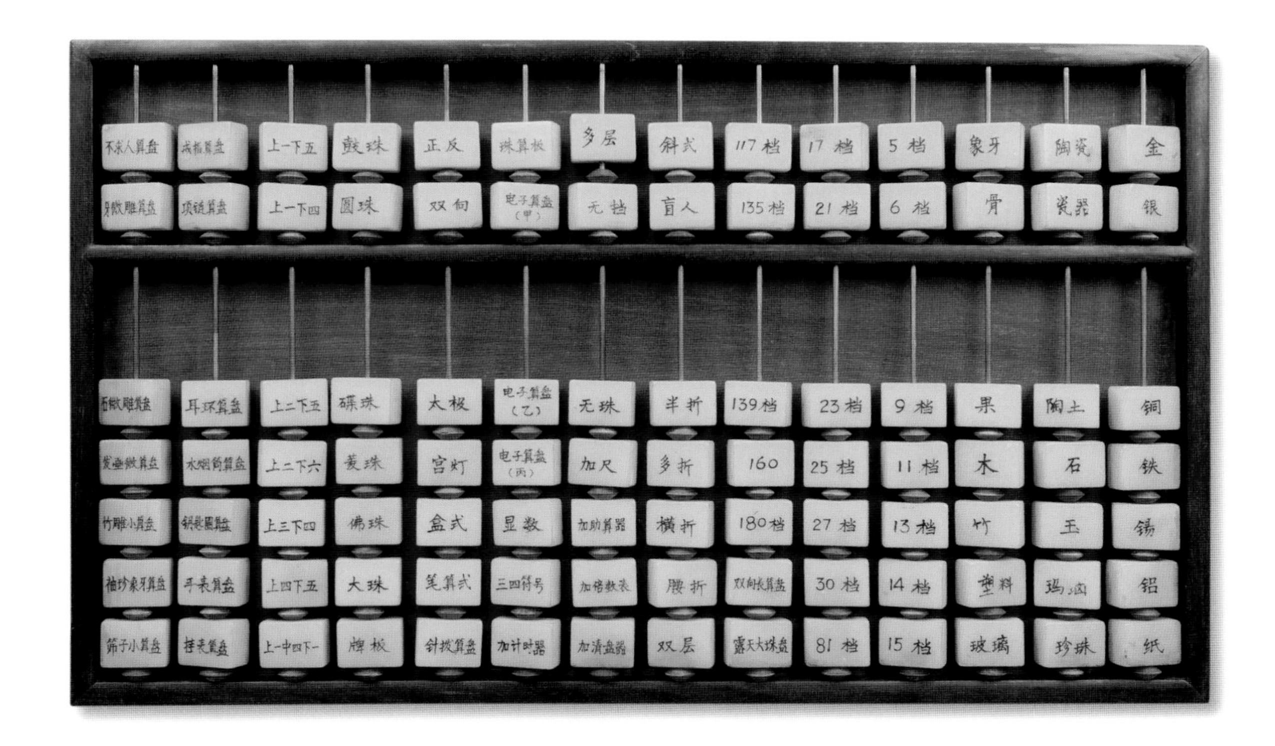

二五鼓珠 15 档缠枝纹青花瓷算盘

现代

长 48.2 厘米，宽 19.2 厘米，厚 5 厘米

南通中国珠算博物馆藏

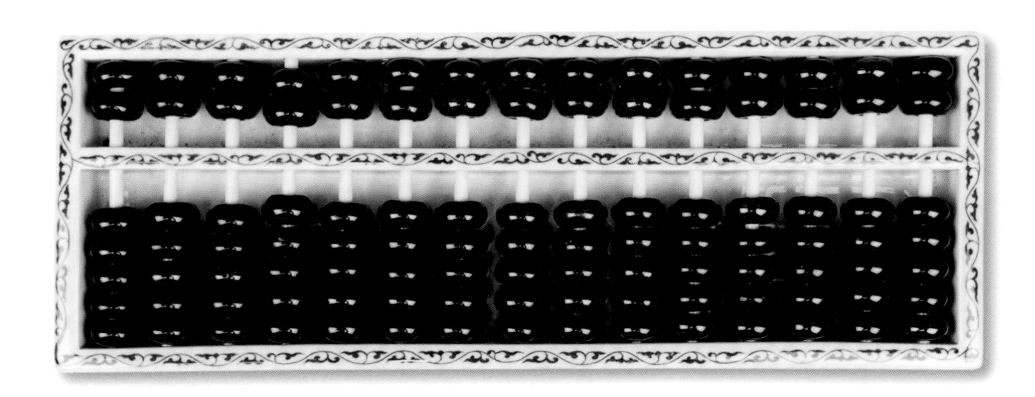

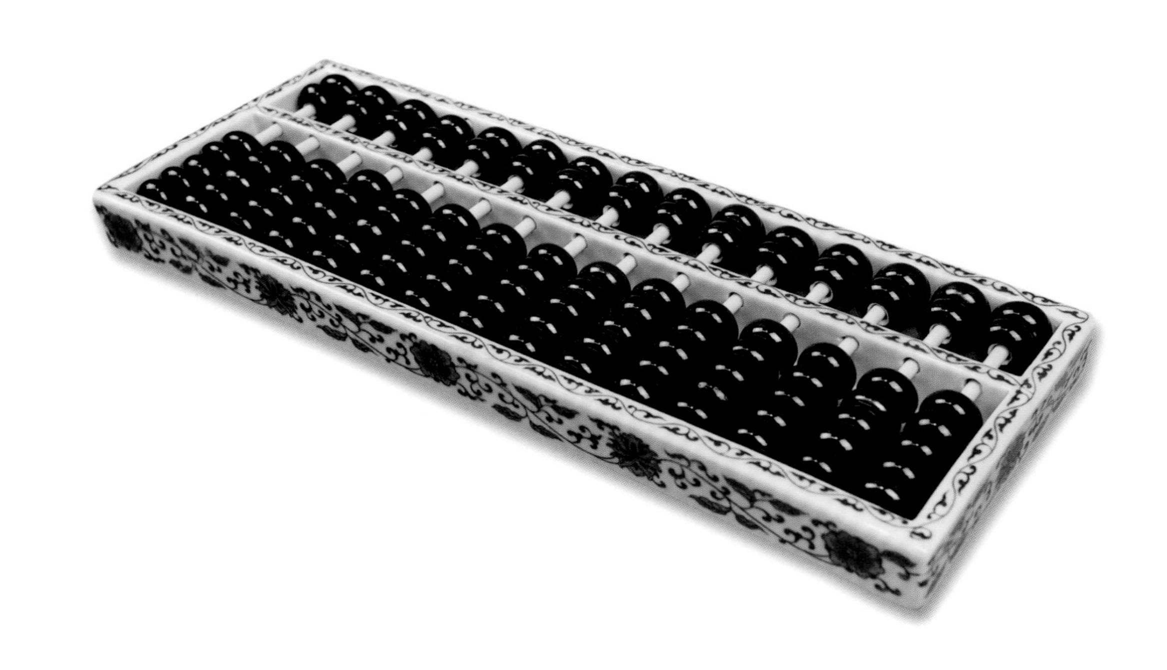

《发财图》刺绣

现代
长 24 厘米，宽 13 厘米，高 8 厘米
南通中国珠算博物馆藏

“财源广进”瓷塑像

现代
长 20 厘米，宽 3 厘米，高 9 厘米
南通中国珠算博物馆藏

第三部分

神机妙算

中国发明的算盘，为世界计算工具的发展做出了重要贡献。西方的计算工具在16世纪中叶以前发展相对缓慢，落后于中国、印度和阿拉伯。1597年伽利略设计了具有军事用途的比例规，成为世界近现代计算工具的开端。从以算盘和计算尺为主的手动计算工具，到各类机械计算机、机电计算机、电子计算机、量子计算机等发展阶段，人类的计算工具发生了很大变化，算力不断提高。这些计算工具实物是人类追求智慧和发展的心血结晶。

西式手动计算工具及其“西学东渐”

1612 年，英国数学家约翰·纳皮尔发明了纳皮尔算筹，其开创性在于将乘除这种相对复杂的计算通过简单算具转化为乘积、除商、余数相加减的简单运算，这为后来各种计算尺和机械计算机的发明奠定了基础。

纳皮尔简化了计算的任务，但应用起来的前提是必须能便捷地查看对数表。1622 年，英国牧师威廉·奥特雷德把两根木制对数标尺并排放在一起，创造出了世界上第一把计算尺。1850 年法国的奥美达·曼海姆发明了具有游标的现代计算尺。从此，这种现代计算尺在西方各国的工程师和科学家中逐渐普及。1891 年，双面标尺开始使用，计算尺最终具有了后来流行的形式。

早在明末清初，随着传教士来华，西方数学知识与数学用具传入中国，1605 年利玛窦的《乾坤体义》一书，被清代《四库全书》编纂者称为“西学传入中国之始”。康熙帝曾学习《几何原本》，同时还掌握了半圆仪、全圆仪、比例规、比例尺、角尺、分厘尺等的使用。清廷还对一些西洋数学算具进行了中国化的改造，比如把西式竖排斜格的纳皮尔算筹改造为横式，但由于文化差异，应用场景不同，这些西式算具在中国普及程度远不如算盘。

故宫博物院所藏几种计算仪器[1]

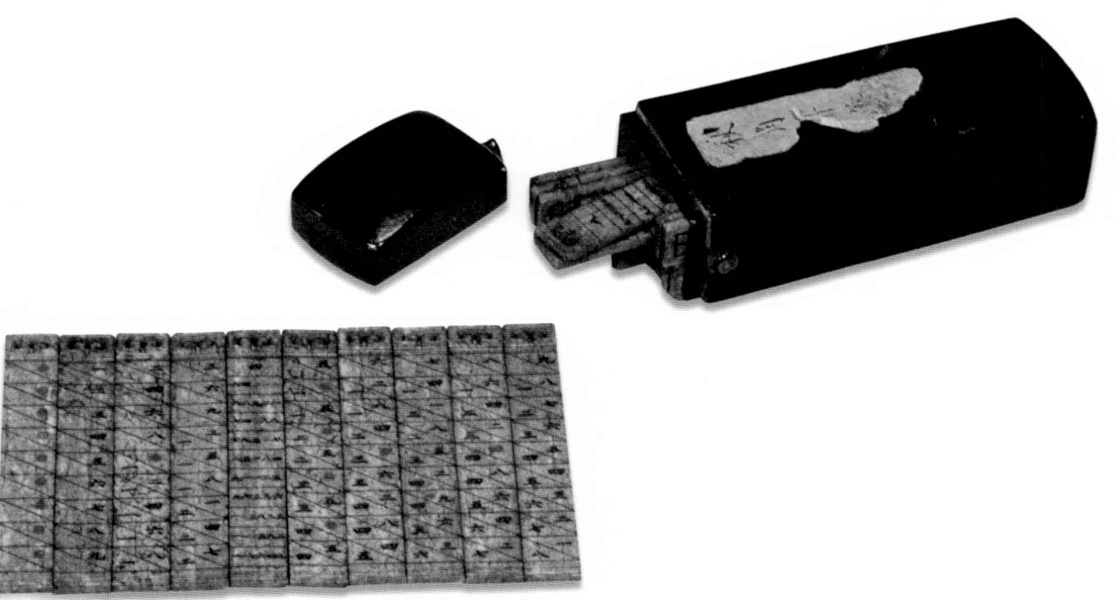

象牙纳皮尔筹

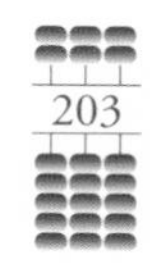

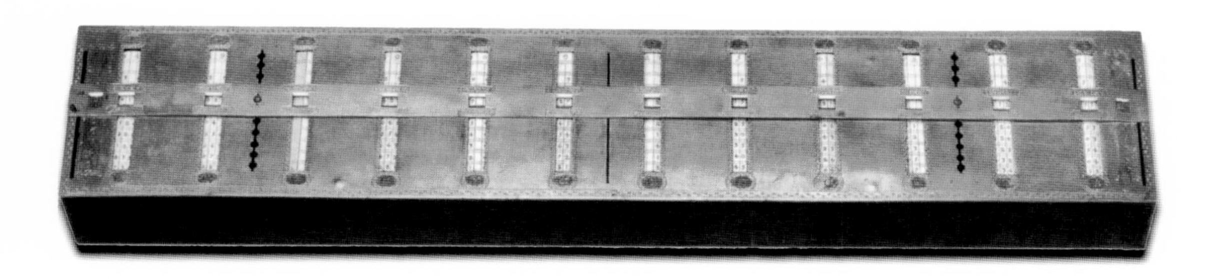

游标铜镀金计算器

盘式铜镀金计算器及其算筹

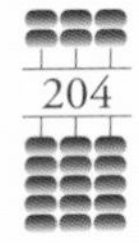

纸筹计算器

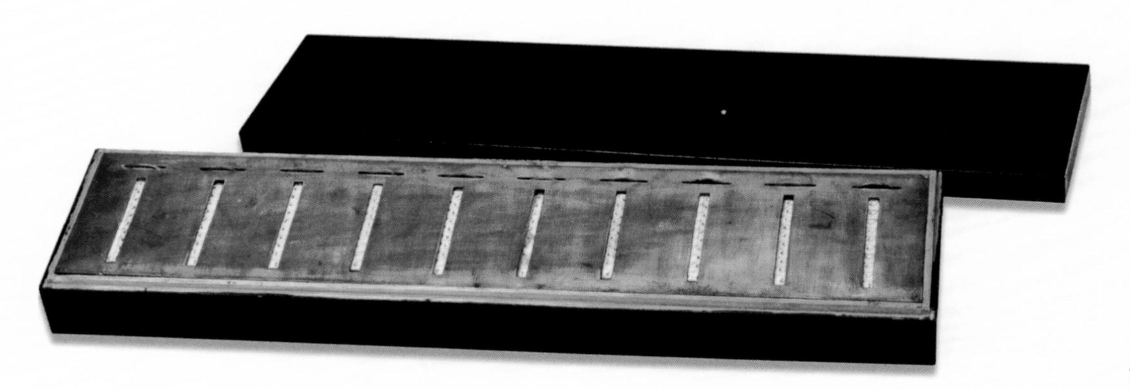

滚筒铜镀金计算器

盘式铜镀金计算器

① 刘宝建：《清帝的手动计算器》，《紫禁城》2006 年 07 期，第 82-85 页。

英国纳皮尔算筹

约 1650 年
长 17 厘米，宽 11 厘米，宽 3 厘米
合肥子木园博物馆藏

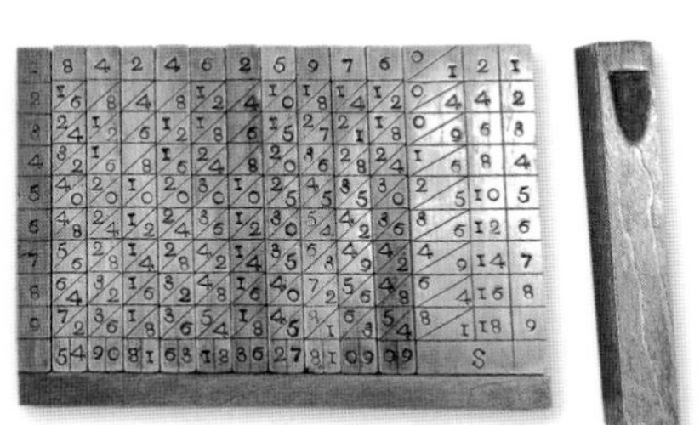

约翰·纳皮尔（1550~1617），苏格兰数学家，以发明对数闻名于世。纳皮尔于 1612 年发明了一种算筹，由十根木条组成，每根木条上都刻有数码，右边第一根木条是固定的，其余的都可根据计算的需要进行拼合或调换位置。纳皮尔算筹可以用加法和一位数乘法代替多位数乘法，也可以用除法和减法代替多位数的除法，从而简化了计算。纳皮尔算筹的开创性在于将乘除这种相对复杂的计算通过设备转化为乘积、除商、余数相加减的简单运算，为各种计算尺和机械计算器的发明奠定了基础。

奥地利哥伦布圆形计算尺

约 19 世纪 40 年代
直径 14 厘米，厚 3 厘米
合肥子木园博物馆藏

哥伦布圆形计算尺的刻度盘由外至内刻有 6 个刻度尺，分别是乘除尺、对数尺（以 10 为底）、平方尺、立方尺、正弦尺和正切尺。刻度盘上配有两个指针，辅助定位数值及读取结果。使用者可直接读取计算结果，无需分步计算。

法国热纳耶－吕卡算棒

1891 年

长 32 厘米，宽 18 厘米，宽 3 厘米

合肥子木园博物馆藏

19 世纪末，法国数学家弗朗索瓦·卢卡斯向法兰西学院递交了一个问题。而法国工程师热那耶为了解决卢卡斯提出的问题，于 1891 年对纳皮尔算筹进行了一次大刀阔斧的更新，解决了进位的问题，发明了热纳耶－吕卡算棒。

英国富勒计算尺

20 世纪初
长 42.4 厘米，直径 9.2 厘米
清华大学科学博物馆（筹）藏

这是一种高精度滑动计算尺，由英国贝尔法斯特女王大学的教授乔治·富勒于 1878 年发明。全尺由三个同心圆筒组成，可以沿着中间圆筒的长度推拉旋转，上面可以附着不同类型的纸质算表。利用富勒计算尺进行算术运算的精度可以达 5 位数字。

机械计算器

人类不断探索着更精确、省时省力的计算方式，与计算尺同时代发展的还有机械式计算工具。

纳皮尔算筹流行起来后，有人将其变为可旋转的圆柱形，再加上齿轮等机械结构，以此实现快速运算。1642 年，法国人帕斯卡发明了由齿轮传动实现加减运算的“帕斯卡计算机”。1673 年，德国的莱布尼茨发明以阶梯轴为核心开展乘除计算的“步进计算器”，“莱式结构”启发了后来所有的机械计算器。法国人查尔斯·托马斯经过不断改良，在 19 世纪初开发出通过旋转手柄得出结果的机械计算机，这种计算机标志着“手摇计算”时代正式开始。人类为计算机的便利化、小型化不断努力，奥地利人科塔·赫兹斯塔克在 1948 年量产的“科塔计算器”是便携机械计算器的巅峰，其体积只有现今的相机镜头大小，由于其顶部有一个清零拉环，因此也被戏称为“数学手雷”。

由于电力技术发展，电动式计算器慢慢取代以人工为动力的计算器。机械式计算器被重新设计，改用电动马达。1822 年英国数学家查尔斯·巴贝奇发现了“差分原理”，并发明了可以快速准确进行复杂计算的差分机。巴贝奇及其后代还受到提花织布机的启发，发明了使用打孔纸带输入数据的分析机。1886 年，美国统计学家赫尔曼·霍勒瑞斯采用机电技术取代了纯机械装置，制造了第一台可以自动进行加减四则运算、累计存档、制作报表的制表机。实现了人类历史上第一次利用计算机进行大规模的数据处理。

法国帕斯卡计算器（复制品）

1642 年
长 35.5 厘米，宽 17.5，高 12 厘米
清华大学科学博物馆（筹）藏

布莱兹·帕斯卡（1623~1662），法国著名数学家、物理学家、哲学家。布氏在 1642 年发明了一种机械计算器，能够实现自动进位，可进行加减乘除四种运算，史称“帕斯卡计算器”。这种计算器现存 6 台，创造了多个“世界第一”：是世界上第一台投入生产的计算器、第一台商用计算器、第一台受专利保护的计算器、第一台被写入百科全书的计算器。

法国莱布尼兹轮式托马斯计算器

1866年
长58厘米，宽36厘米，高12厘米
合肥子木园博物馆藏

这种计算器为法国人查尔斯·泽维尔·托马斯·德科尔马设计制造，主体为黄铜结构，装在橡木盒中。该机正面下端中部是置数装置，有8个滑钮在标有0~9的槽中，用于输入数字。置数装置左边是加乘/减除选择滑钮，右边是计算手柄。上端是显数窗口，长位（16位）显示结果数，短位（9位）显示计算手柄转数。显数窗口两边是把手，提起它可把机架打开显示内部机械结构。托马斯计算器以莱布尼茨计算器结构为基础设计，用滑钮代替旋轮实现四则运算，这是世界上第一台商业上大获成功的机械计算器，于1820年获得专利，1850年投入商业化生产，至1915年共产出5500多台。托马斯机的使用和推广，标志着“手摇计算”的时代正式开始。

德国莱布尼兹轮式布克哈特 A 型计算器

约 1880~1910 年间
长 60 厘米，宽 22 厘米，高 11 厘米
合肥子木园博物馆藏

这台计算器由德国计算机行业布克哈特设计生产，曾在德国和国际的博览会上均获奖，从 19 世纪末一直生产到 1929 年。

德国莱布尼兹轮式提姆早期型号 II 型计算器

约 1907~1909 年间
长 46 厘米，宽 35 厘米，高 17 厘米
合肥子木园博物馆藏

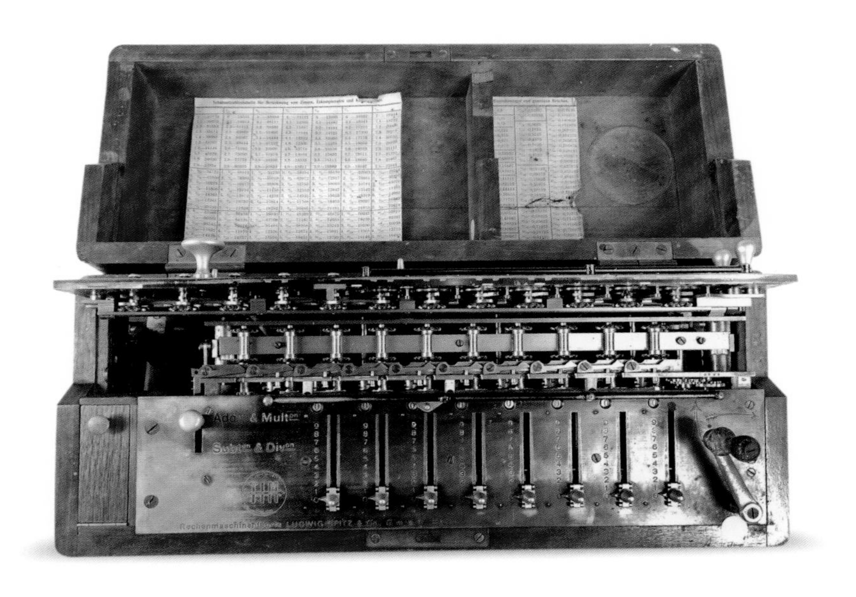

这台计算器由德国路德维希·施皮茨公司制造，托马斯计算器改进版，添加了步进鼓。此型号的计算器外观与托马斯计算器相似，它的下方左侧是加与乘、减与除的切换杆，中间是 8 个输入滑块，每位数字都通过滑块来输入。

美国巴勒斯 8 型手摇计算器

1911 年
长 34 厘米，宽 26.5 厘米，高 23 厘米
清华大学科学博物馆（筹）藏

巴勒斯系列计算器最早由美国纽约的威廉·西沃德·巴勒斯于 1884 年设计，是所有全键盘计算器中最重要的类型之一，到 1908 年，该系列已经有 50 多种型号。

瑞士莱布尼兹轮式马达斯（VII Max 型）计算器

1915 年
长 50 厘米，宽 20 厘米，高 20 厘米
合肥子木园博物馆藏

此计算器为铝制，推测可能为制造商的原型机，此种计算器由德国工程师艾德温改进，1913 年的马达斯计算器是世界上第一台具有全自动除法功能的计算器，并于 1914 年量产，名称“MADAS”由“乘法”“自动”“除法”“加法”“减法”的英文首字母组成。马达斯系列在 1914 年到 1922 年之间出现了很多的型号，特点是重量较轻，便于携带。

德国布伦斯维加 10 型计算器

1932 年
长 22.5 厘米，宽 18.5 厘米，高 11.7 厘米
清华大学科学博物馆（筹）藏

这台计算器曾属于丹麦物理学家尼尔斯·阿利，他将其应用于随机过程理论及宇宙辐射理论的研究计算工作中。此计算机后来由丹麦的古代数学史学家因斯·霍伊鲁普教授捐赠给清华大学。该机前段是输入装置，有 6 个可移动杆，用于输入数值，中间一行窗口可显示当前输入数字，可通过转动手柄实现加减法计算。

德国科塔1型计算器

1949年
长6厘米，宽6厘米，高13厘米
合肥子木园博物馆藏

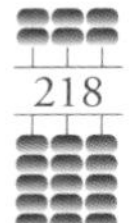

这台计算器由奥地利人库尔特·赫兹斯塔克于二战期间构思设计，由列支敦士登的康蒂纳公司制造。这款手摇式便携计算器呈圆柱形，顶部还有一个拉环，被形象地称为“数学手雷”。该计算器有8个输入置数滑钮环布于圆柱面，计算手柄在柱顶可上下提沉，直接旋转进行加、乘，提起后旋转是通过补码实现减、除；手柄下方的可移动圈，将它提起旋转可选择位数；俯视可见一圈示数窗口。这款计算机坚固耐用，广受工程师、会计等人群欢迎。

上海飞马牌计算器

20世纪50年代
长45厘米，宽20厘米，高15厘米
合肥子木园博物馆藏

中国现代牌销轮式计算器

约 1956 年

长 40 厘米，宽 15 厘米，高 13 厘米

合肥子木园博物馆藏

中国飞鱼牌 JSY-20 手摇计算器

1974 年
长 35 厘米，宽 28 厘米，高 16.5 厘米
南通中国珠算博物馆藏

此计算器由上海计算机打字机厂生产。手摇计算机的原理是通过齿轮运动来完成计算，一般只能做加、减、乘、除四则运算，计算平方数、立方数、开平方、开立方时则需要运用一些特殊的计算方法，而如果需要输入三角函数和对数，都需要查表。20 世纪 50 年代末，我国研制“两弹一星”时，电子计算机非常少，大量基础计算工作都通过手摇计算器完成。以弹道计算为例，从导弹起飞到关机点，人工手摇计算一次弹道轨迹需耗时 2 个月左右。

中国飞鱼牌电动机械计算器

1975 年
长 40 厘米，宽 30 厘米，高 27 厘米
合肥子木园博物馆藏

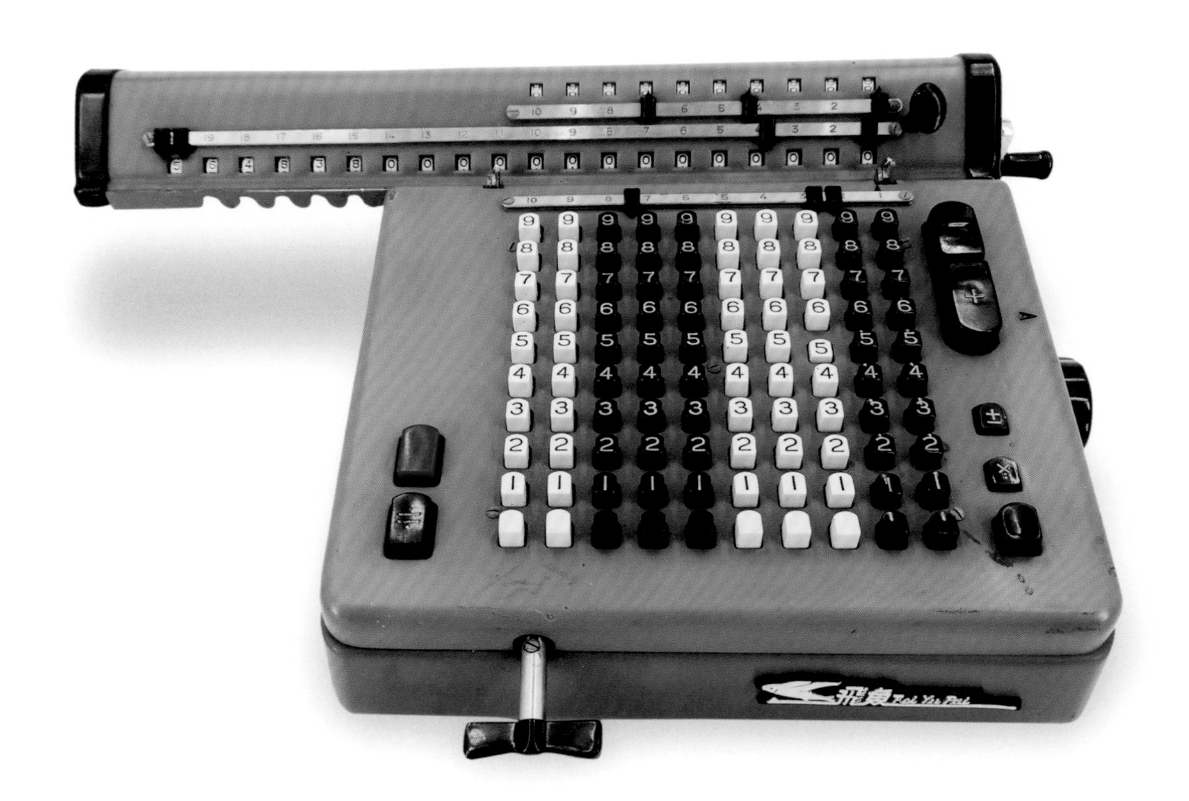

这台计算器既可以使用电机驱动计算也可以手摇进行运算。

电子计算机

19 世纪末至 20 世纪初，电子管、晶体管出现，为机械转向电子时代奠定基础。1946 年，世界上第一台电子计算机 ENIAC 于美国费城研制成功，它的诞生，标志着科学技术的发展进入了一个崭新的时代——电子计算机的时代。

计算机的发展历程	
第一代（1946~1956 年） 电子管计算机时代	1946 年电子计算机 ENIAC 于美国问世，重达 30 吨，占地 170 平方米，耗电 150 千瓦 / 时，主要用于科学和工程计算。
第二代（1956~1964 年） 晶体管计算机时代	体积缩小，功耗降低，提高了速度和可靠性，广泛应用于数据处理等领域，代表机型有贝尔实验室 TRADIC 计算机。
第三代（1964~1972 年） 集成电路计算机时代	体积进一步缩小，功耗，价格等进一步降低，而速度及可靠性有更大的提高，运算速度可达每秒几百万到几千万次。
第四代（1972 年至今） 大规模与超大规模集成电路的计算机时代	运算速度可达每秒几亿次到几百万亿次，最快已达到每秒亿亿次，计算机网络的研究进展迅速，系统软件的发展正在向智能化方向迈进，各种应用软件层出不穷，极大地方便了用户。

意大利奥利维蒂 Programma 101 计算机

1965 年
长 46 厘米，宽 60 厘米，高 26 厘米
合肥子木园博物馆藏

此计算器是世界上第一款商用可编程“台式计算机”，于 1965 年推出。它具有内置的打印机和磁卡读取器，采用磁卡作为程序和数据的存储介质，并且具有简单易用的操作界面。这台计算机被广泛用于工程、科学和商业领域，是早期个人计算机的先驱之一。当时 P101 的主要卖点是它的便携性。它的大小与电动打字机差不多，可以像计算机一样在程序模式下使用，并存储指令，而在手动模式下，它可以用作高速计算器。美国国家航空航天局（NASA）购买了一些 P101，供阿波罗 11 号登月计划的工程师使用。也曾有记载，越南战争期间，B-52 同温层轰炸机上，P101 曾是计算地面目标坐标系统中的组成部分。

美国 TI–59 手持式可编程电子计算器

1979 年
长 16.3 厘米，宽 8 厘米，高 3.5 厘米
清华大学科学博物馆（筹）藏

此计算器由美国德州仪器公司于 1979 年生产，外包装上写有“纽约清华同学会赠送的 1980 年 5 月”字样。此款计算器使用 4 位处理器 TMC0501，可编程的软件模块多达 5000 个程序，包含矩阵计算、线性方程求解、复杂算法、金融和日历计算等等，甚至还有一个简单游戏。计算器附有磁卡，用户可以将程序存储在磁卡上而无需每次开机重新输入，还能在打印机上打印文本。

美国牛郎星 8800 计算机

1975 年
长 45 厘米，宽 50 厘米，高 32 厘米
合肥子木园博物馆藏

此计算机由美国微型仪器和遥感测量系统公司创始人爱德华·罗伯茨发明，由一个 Intel 8080 微处理器、256 字节储存器、一个电源、一个机箱、包含若干显示灯与开关的面板组成，被普遍认为是世界第一台商业上成功的微型计算机，当时售价 397 美元。

中国的计算机发展历程

1956年，周恩来总理主持制定的《十二年科学技术发展规划》中，将计算机列为科学技术发展的重点之一。1957年，我国筹建了第一个计算技术研究所。

1978 年，我国的官兵战士在学习计算机知识①

1988 年的华南计算机公司机房②

中国的计算机事业经历了多个阶段：

时间	标志性事件
1958~1964 年	第一代电子管计算机
1965~1972 年	第二代晶体管计算机
1973 年 ~1980 年代	第三代中小规模集成电路
1983 年	研制出“银河 -1”亿次巨型计算机
1993 年	曙光一号超级计算机诞生，峰值运算速度达每秒 6.4 亿次
2002 年	中国成功制造出首枚高性能通用 CPU——龙芯 一号，打破了国外的技术垄断
2009 年	天河一号超级计算机研制成功，并在 2010 年、2013 年成为全球最快的超级计算机
2013 年	天河二号在国家超算广州中心运行，并在 2013 年 ~2016 年六次成为世界超级计算机榜首
2016 年	神威·太湖之光超级计算机问世，成为世界上首台峰值运算性能超过每秒十亿亿次浮点运算能力的超级计算机

中国超级计算机在航天、天气预报、健康研究、城市规划、高速交通系统建设等方面取得了显著成就。例如，位于深圳南山区的国家超级计算深圳中心就在药物筛选、材料创新研究、高温超导研究等方面发挥了重要作用。

国家超级计算机广州中心的天河二号超级计算机系统[3]

国家超级计算机深圳中心的主机系统——曙光超级计算机[4]

① 深圳博物馆供图

② 深圳博物馆供图

③ 国家超级计算广州中心供图

④ 国家超级计算深圳中心供图

中国长城 203 电子计算器

1974 年
长 46 厘米，宽 60 厘米，高 25 厘米
合肥子木园博物馆藏

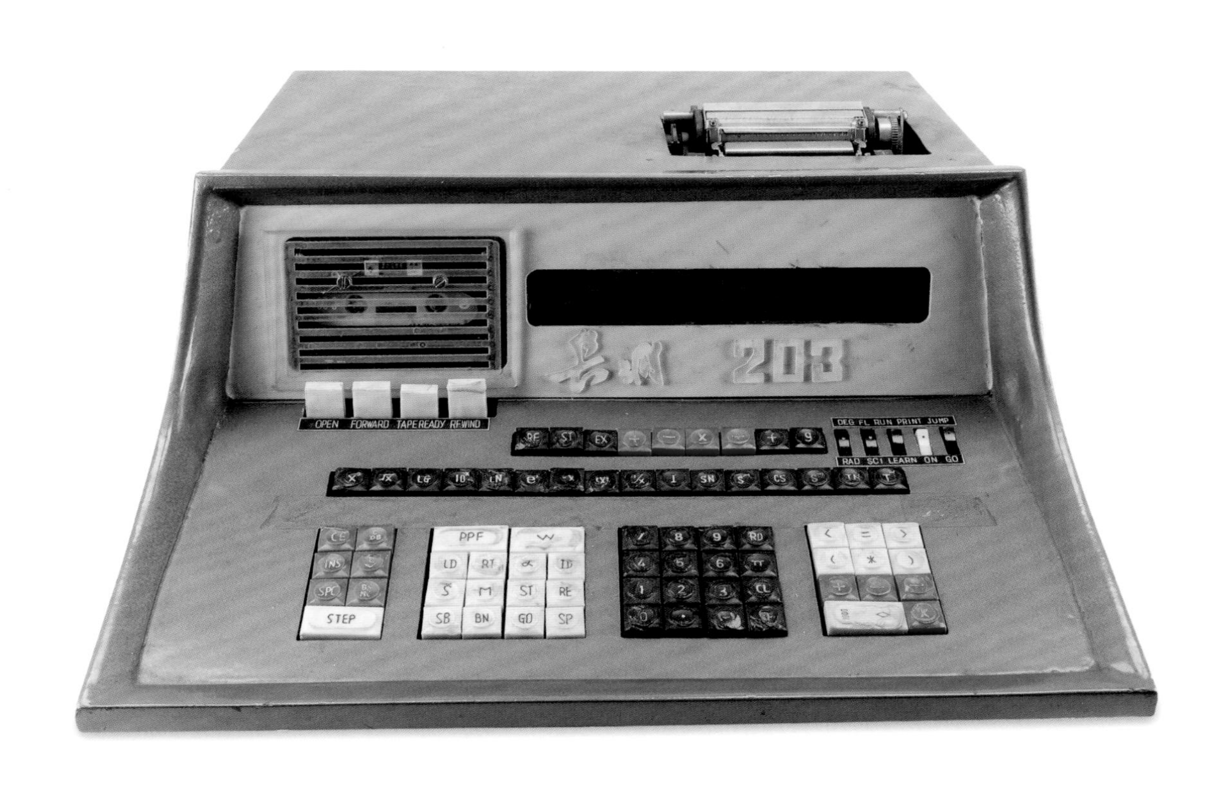

1974 年 6 月 7 日，中科院数学所研制成功长城 203 型台式计算机，该机字长 48 位，每秒可做 10000 次浮点加减法。科学院的第一代电子计算机，大约是 1958 年研制成功的，是一台主要部件为电子管的计算机。那时科学院搞了一个大型机系列，编号大约是按照 101，102，103……这样顺序来的，也正因为这个原因，等后来上马微型机的时候，也就参考了这个编号，研制成的分别是 201，202，203……只是前面加了一个标号 – “长城”，这就是后来长城系列计算机的由来。该机在南通计算机厂等单位投产后，销往各科研院校，并在铁道、环境监测领域均有应用。

中国 BCM－Ⅲ计算机

1982 年
长 55 厘米，宽 45 厘米，高 18 厘米
合肥子木园博物馆藏

此计算机由北京市计算技术研究所于 1982 年研制，是一种多功能高性价比的 8 位微机，内存容量 64KB，配备了汉字显示控制器和汉字软件包，可实现对汉字的打印、显示等功能。

中国长城 0520A 型计算机

20 世纪 80 年代
长 50 厘米，宽 68 厘米，高 46 厘米
合肥子木园博物馆藏

中国电子工业部电子技术推广应用研究所研制、北京有线电厂生产的第一批电脑，这是中国首款实现汉化的计算机。该机采用 Intel8080 微处理器，字长 16 位，定点加法速度达到 65 万次 / 秒，操作系统可以使用 MS-DOS，也可以使用国产的 CC-DOSv1.1 版汉字操作系统。1983 年，电子工业部计算机工业局把生产 IBM PC 兼容机定为我国微型计算机发展的方向。1984 年，电子工业部计算机工业局组织北京有线电厂、上海计算机厂、华北终端设备公司等实施了 1000 台 0520A 机批量生产项目，国产微机开始真正进入市场。

算力即国力

算力，即计算能力，是衡量一个国家科技实力和综合国力的重要指标之一，在科学研究、经济建设、国防安全等领域发挥着越来越重要的作用。一个国家的算力水平，不仅体现了其在高性能计算领域的研发能力，还反映了其在大数据处理、人工智能、云计算等前沿技术领域的竞争力。因此，提升算力不仅是科技发展的需要，也是国家战略竞争力的体现。

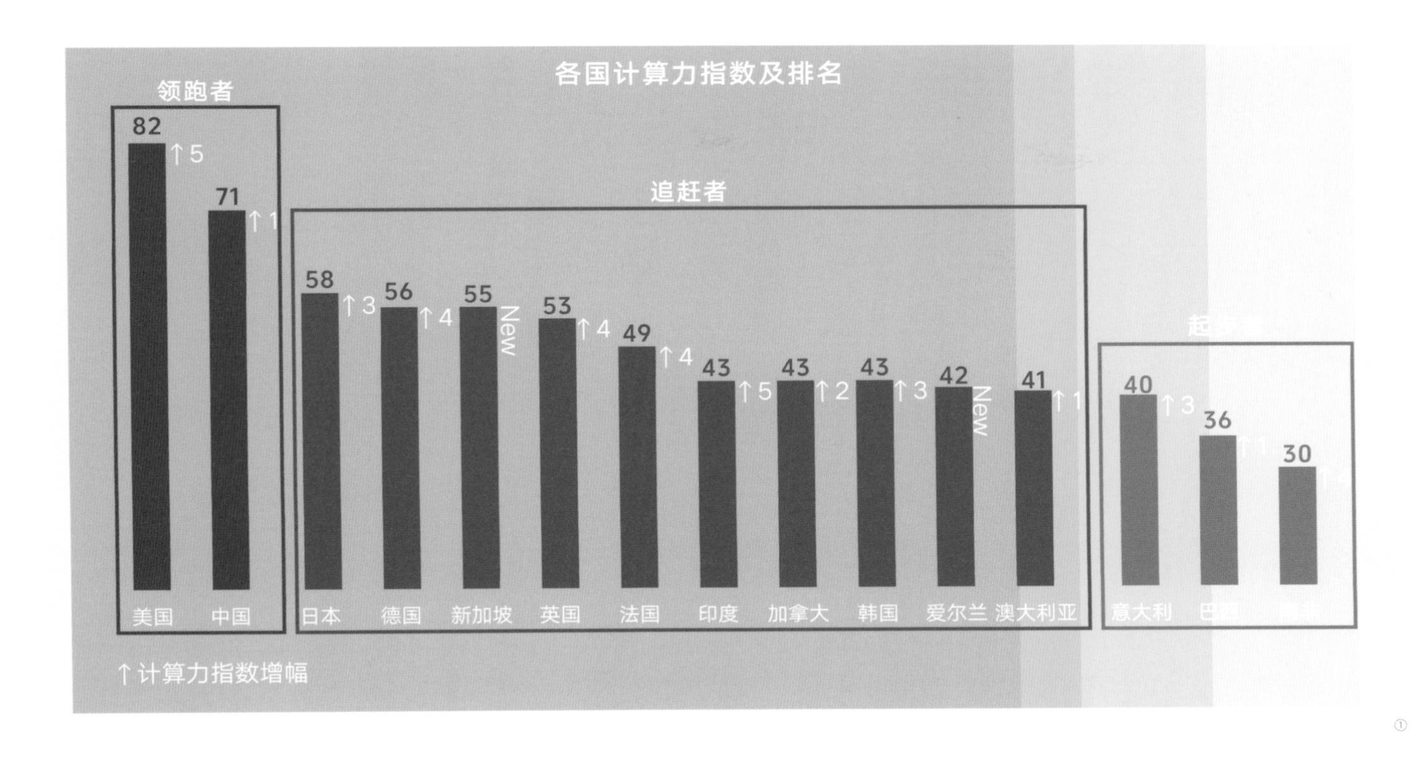

①

全球各国算力规模与经济发展水平呈现出显著的正相关关系，算力规模越大，经济发展水平越高；有研究指出：计算力指数平均每提高 1 点，数字经济和 GDP 将分别增长 3.5‰和 1.8‰。

②

芯片是各国竞逐算力领先地位的主要赛道。一款先进的芯片通常拥有更高的集成度和更强的计算能力，能够更快速高效地处理完成复杂的计算任务，从而提高计算设备的算力。不同类型的芯片，如 CPU、GPU、DSP 和 AI 芯片，各有其专业领域和优势，但都直接关系到算力的提升。算力的高低成为综合国力强弱的重要指标之一，而算力芯片技术的高度则是国家竞争力的重要体现。

① IDC、浪潮信息、清华大学联合发布：《2022-2023 全球计算力指数评估报告》

② 深圳量旋科技有限公司供图

龙芯 3B1000 处理器

2016 年

主板长 50.5 厘米，宽 19.7 厘米；芯片长 4 厘米，宽 4 厘米

国家超级计算深圳中心藏

龙芯处理器是面向个人计算机、服务器等信息化领域的通用处理器，是信息产业的基础部件，是电子设备的核心器件。2002 年，我国首枚拥有自主知识产权的通用高性能微处理芯片龙芯一号试生产开工。2010 年开始，“龙芯”系列迈向产业化发展。

龙芯3号
LS3B1000D
VQ202BYV AM001
CHN QN 225
LOONGSON

量子计算与算力

量子计算是一种遵循量子力学规律调控量子信息单元进行计算的新型计算模式。与经典计算不同，量子计算遵循量子力学规律，它是能突破经典算力瓶颈的新型计算模式。

量子计算机，作为执行量子计算任务的设备，以量子比特（qubit）为基本运算单元。

量子计算为解决某些经典计算机难以处理的复杂问题提供了新的可能性，有望在密码破译、材料设计以及人工智能等方面得到广泛应用。

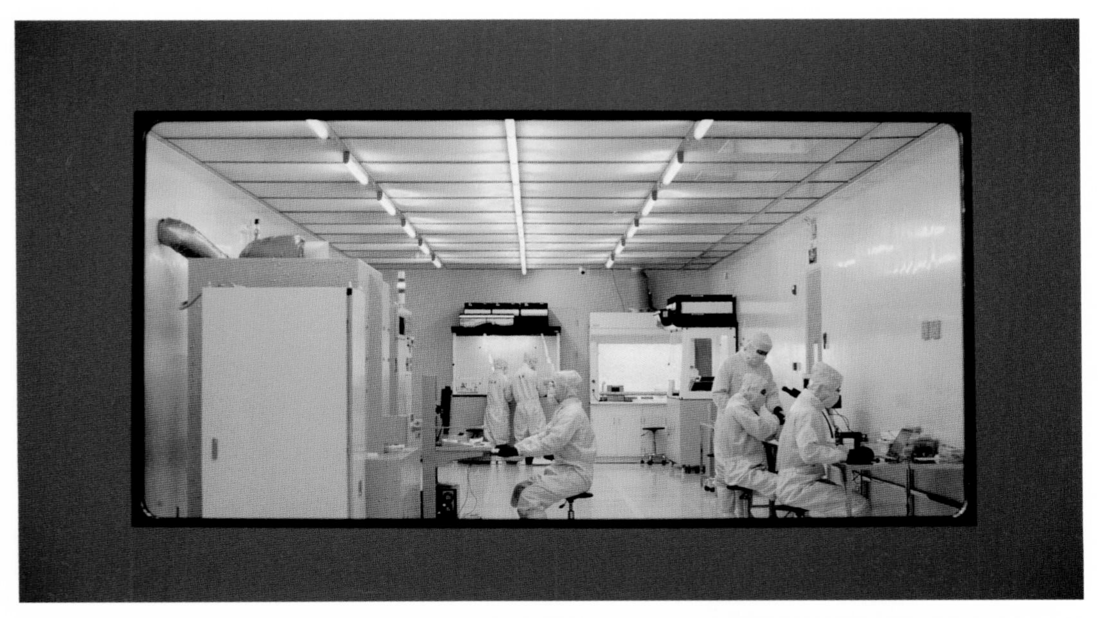

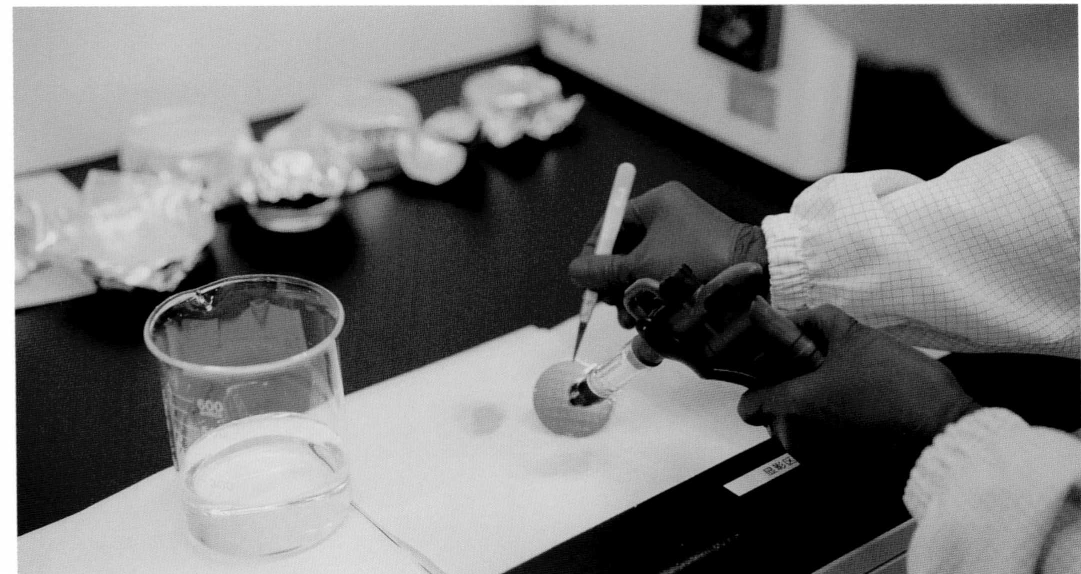

量子芯片的研发与生产

图源：深圳量旋科技有限公司

三角座3比特桌面型核磁量子计算机

2021年9月
长56厘米，宽33厘米，高61厘米，重量约44公斤
深圳量旋科技有限公司藏

量子力学诞生100多年来，革命性地改变了人类对微观世界的认识。近年来，量子科技处于从实验室迈向生活应用的关键期。这台量子计算机可以实现3个比特的任意量子算法，支持用户自由编写量子计算程序，具有成本低、免维护、稳定性高等特点。可以用于量子计算的课堂教学和演示。

三角座 Mini 3 比特便携式核磁量子计算机

2023 年 4 月

长 35 厘米，宽 26 厘米，高 20 厘米，重量约 14 公斤

深圳量旋科技有限公司藏

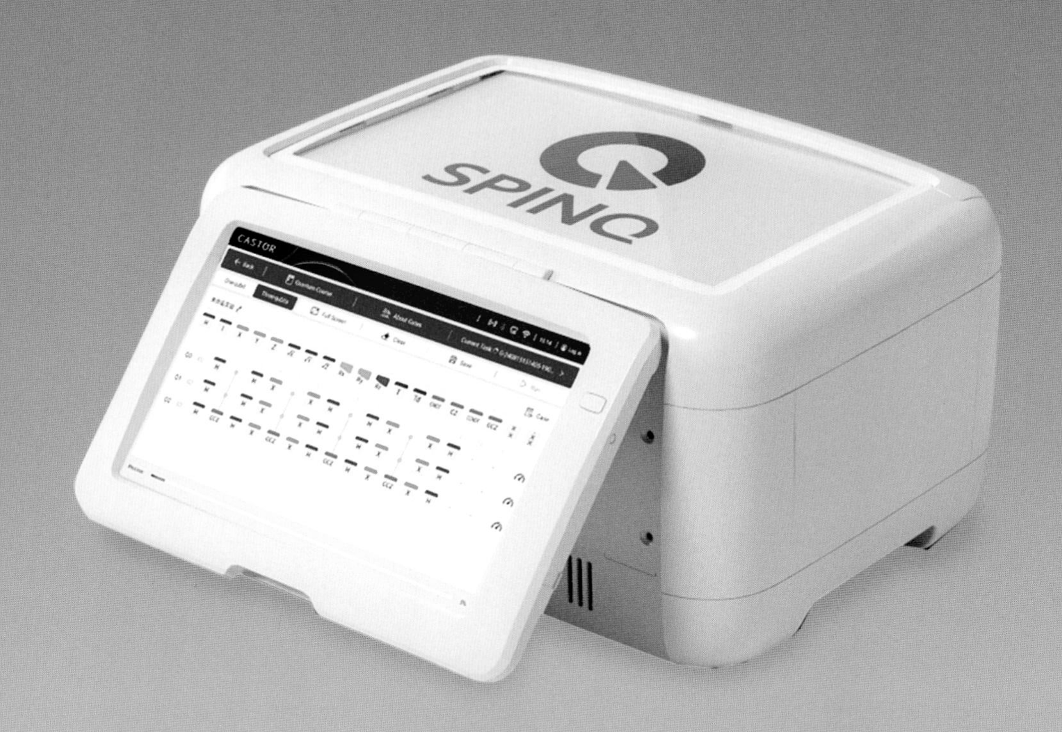

这款便携式量子计算机可在更宽范围的室温条件下稳定运行，具备成套的量子计算实验教学方案，可作为大学物理、量子力学、量子信息等学科教学的理想平台，也适用于量子算法及量子模拟研究，目前这种便携式量子计算机已经走进深圳一些高中的课堂。

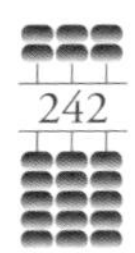

少微 C20 超导量子芯片

2023 年
长 9.1 厘米，宽 9.1 厘米，厚 1.5 厘米，重量约 638 克
深圳量旋科技有限公司藏

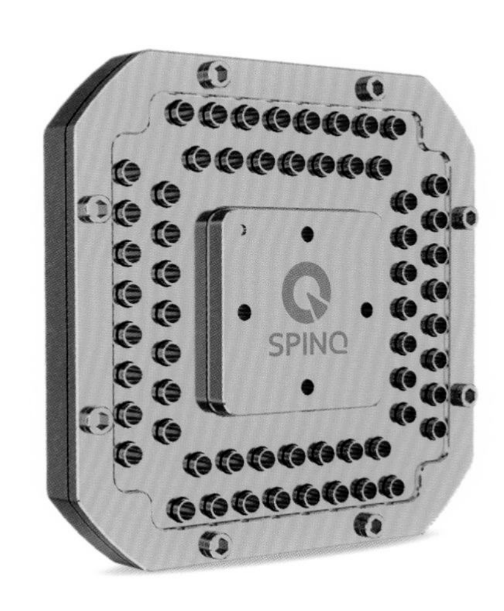

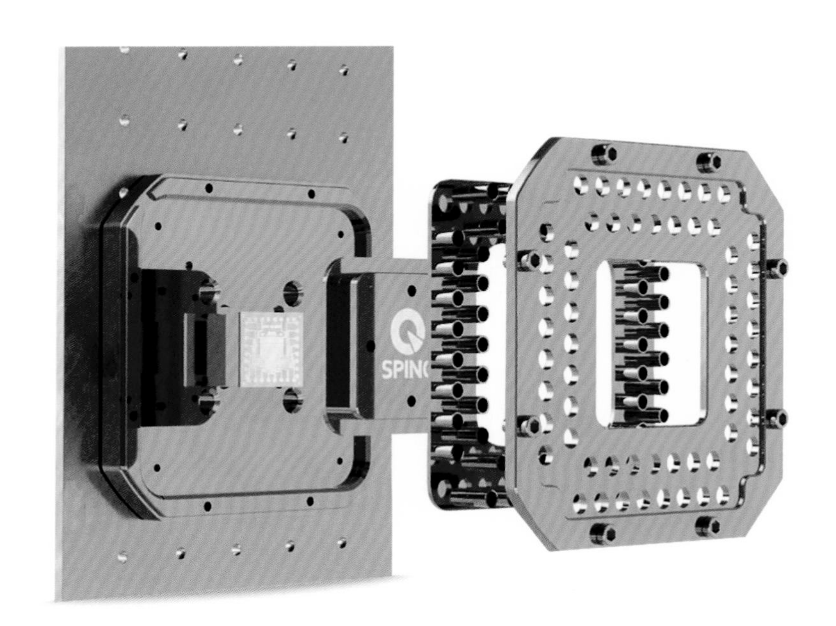

这是中国首枚自主研发并实现海外交付的超导量子芯片，于 2023 年 11 月由深圳本地企业量旋科技交付给一家中东科研机构。该芯片具有高度可靠性和稳定性，退相干时间 T1 达到了业内领先水平，保证了更多的门操作；能够执行数十纳秒量级的单双比特门操作，实现 99.9% 以上的单比特门保真度和 99% 以上的双比特门保真度。

这是中国企业首次向海外交付此类产品，标志着中国在量子计算领域取得了重大突破，也展现出深圳这座年轻的城市在量子计算领域的技术实力和创新能力。

双子座 Lab 量子计算实验平台

2024 年 1 月

闭合尺寸长 39.6 厘米，宽 25.9 厘米，高 42.7 厘米，重量 18.5 公斤

深圳量旋科技有限公司藏

这是一个作为教学、科研两用的量子计算实验平台，可以将抽象的量子计算前沿科技设计为可操作、可观测的交互实验，让用户以动手操作的方式，参与到认识量子原理、观测量子现象、控制量子系统的“一站式”教学流程中。

结语

七子之家隔两行，十全归一道沧桑。

八方天地经营手，六六无穷古今章。

算具的发展历程是中国算学文化乃至数学学科史的缩影，从古老的算筹到现代算力强大的超级计算机，每一步都凝结着国人的智慧和创造力。随着新一代人工智能快速发展，算力需求高速增长，算力和算力基础设施的发展质量已成为影响国家竞争力的关键因素之一。珠响铿锵越千年，量子计算新《九章》，我们对高质量算力的追求从未停止，也必会在数据、算法、算力等新领域取得更大成就。

附录

中国算盘形制略考

胡馨文*

一、算盘的传播和形态的演化

珠算在我国有悠久的历史，算盘的算珠数量受到口诀、用途、进制和度量衡的影响，可明确年代的算盘实物的形态随时间产生了缓慢的演化。

在较早记载珠算的东汉徐岳撰《数术记遗》中，有“珠算控带四时经纬三才”的论述，已有“珠算”一词出现[①]。北周甄鸾注：“刻板为三分，其上下二分以停游珠，中间一分以定算位，位各五珠，上一珠与下四珠色别，其上别色之珠当五，其下四珠，珠各当一，至下四珠所领，故云控带四时，其珠游于三方之中，故云经纬三才也。”[②]这是较早可考的游珠算版论述[③]。徐氏提到最早的游珠算版每档各有五颗算珠，上有一珠，下有四珠；其中上珠和下珠颜色不同，上珠代表五，下珠代表一。这样每档之和为 9，逢 10 进 1，为十进制。在后续的演变中，游珠算版的算珠被档串联、横梁穿档、由框和底板固定，算盘的形态便逐渐固定下来，并被沿用至今[④]。

但对于“横梁穿档”的算盘最早出现年代的认识仍有分歧，主要有“唐代出现说”和“宋代出现说”两种观点。“唐代说”中，殷长生[⑤]认为唐中晚期时已有梁穿档的算盘出现，李培业[⑥]认为随着中唐后发达的商业发展带动了算法改革，进而算具发展，有了梁穿档的算盘。

清代学者如梅瑴成[⑦]、凌廷堪[⑧]等则认为梁穿档算盘在宋代才出现，主要证据是明程大位《算法统宗》的卷末记载有宋元丰、绍兴、淳熙以来刊刻的《盘珠集》《走盘集》等信息（表 1）。在传世宋画《清明上

---

* 胡馨文（1999—），女，广东深圳人，香港大学建筑文物保护硕士，主要从事古建筑及木质文物研究。

① ［东汉］徐岳撰，［北周］甄鸾注：《数术记遗》，中华书局 1985 年版，第 16 页。

② ［东汉］徐岳撰，［北周］甄鸾注：《数术记遗》，中华书局 1985 年版，第 17~28 页。

③ 毛宪民、王慧：《古代珠算与清宫算盘》，《紫禁城》2000 年第 2 期，第 40~42 页。

④ 牛腾：《算盘和珠算发明时间的考量》，《珠算与珠心算》2022 年第 5 期，第 18~22 页。

⑤ ［清］梅瑴成：《增删算法统宗》，江左书林石印本，清光绪二十四年（1898）。

⑥ 李培业：《从算法发展史的角度来探讨算盘的起源》，《珠算》1982 年第 1 期，第 26~28 页。

⑦ 殷长生：《考察清明上河图、鉴定中国算盘的年代》，《珠算》，1981 年第 3 期，第 10~16 页。

⑧ 凌廷堪：《校礼堂文集》，中华书局 1998 年版，第 286 页。

图》及《茗园赌市图》中可以找到算盘的踪迹，华印椿[①]、铃木久男[②]等学者也据此推断算盘最迟产生于宋代（图 1、图 2）。

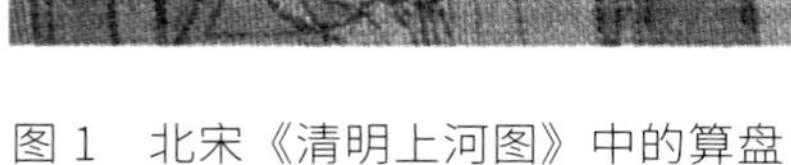
图 1　北宋《清明上河图》中的算盘

图 2　南宋《茗园赌市图》中的算盘

现存较早的珠算书是宋代数学家谢察微编写的儿童启蒙读物《谢察微算经》，书中提及：“中，算盘之中；上，脊梁之上，又位之左；下，脊梁之下，又位之右；脊，盘中横梁隔木。”至元末明初时，随算谱的编撰和广泛流传，算盘的形态逐渐固定，算盘在民间的日常生产生活中被广泛使用[③]。

表 1　明代载有珠算知识的主要著作统计表[④]

序号	著者	书籍名称	出版时间
1	吴敬	《九章算法比类大全》	1450 年
2	王文素	《算学宝鉴》	1524 年
3	顾应祥	《测圆海镜分类释术》	1550 年
4	顾应祥	《弧矢算术》	1552 年
5	顾应祥	《测圆算术》	1553 年
6	周述学	《神道大编历宗算会》	1558 年
7	徐心鲁	《盘珠算法》	1573 年
8	柯尚迁	《数学通轨》	1578 年
9	朱载堉	《算学新说》	1581 年以前著成，1603 年刻完
10	朱载堉	《嘉量算经》	1610 年
11	张爵	《九章正明算法》	1582 年重刻本
12	余楷	《一鸿算法》	1585 年刊印完成
13	程大位	《算法统宗》	1592 年
14	程大位	《算法纂要》	1598 年
15	王肯堂	《郁冈斋笔麈》	1602 年自序
16	黄龙吟	《算法指南》	1604 年

① 华印椿：《中国珠算史稿》，中国财政经济出版社 1987 年版。

② 铃木久男：《中国算盘的起源》，《珠算》1982 年第 1 期，第 17~21 页。

③ 牛腾、赵相翼、谭静：《中国珠算的历史溯源与当代价值研究》，《中国非物质文化遗产》2023 年第 5 期，第 64~70 页。

④ 牛腾、赵相翼、谭静：《中国珠算的历史溯源与当代价值研究》，《中国非物质文化遗产》2023 年第 5 期，第 64~70 页。

明代时，“横梁穿档”算盘有“上一下五”和“上二下五”两种。其中，“上一下五”的算盘每档之和为 10，为十进制；而“上二下五”的算盘每档之和为 15，与旧市制中 1 斤等于 16 两的度量衡制度相符，为 16 进制[①]。这种“上二下五”的算盘从明末至民国中期为中国算盘的主流；从民国晚期开始到新中国时期，随着度量衡的变化，“上一下五”的算盘也开始广泛流行。

在数学著作中，不同的算法口诀所使用的算盘形态和算珠数量有所不同。如在明万历元年（1573）徐心鲁《盘珠算法》中使用“上一下五”的算盘（图 3），而明万历六年（1578）柯尚迁的《数学通轨》和明万历二十年（1592）程大位的《算法统宗》中使用“上二下五”的算盘（图 4、图 5）[②]。

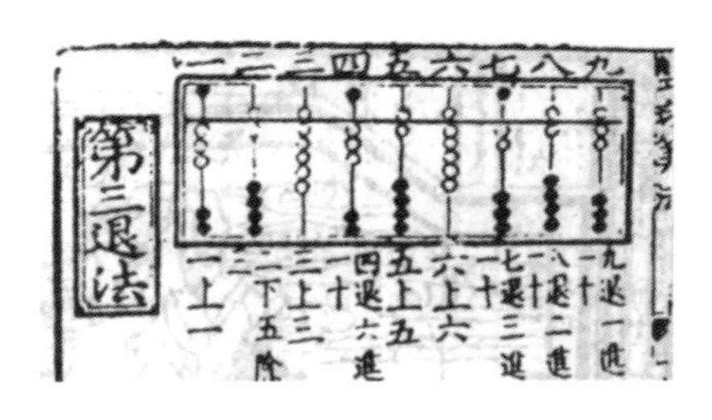

图 3　明万历元年（1573）徐心鲁《盘珠算法》中使用“上一下五”的算盘

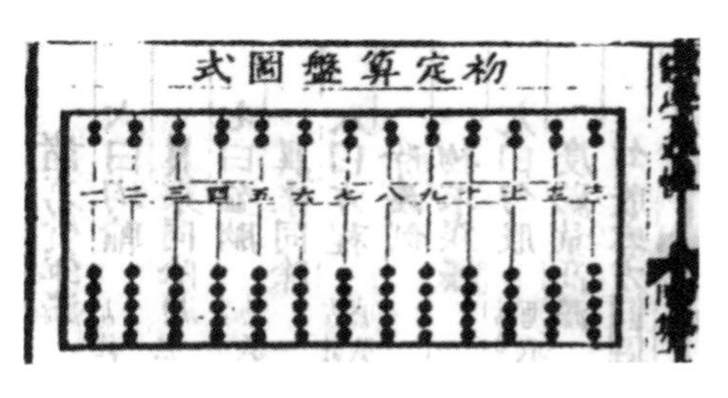

图 4　明万历六年（1578）柯尚迁的《数学通轨》中使用的“上二下五”的算盘

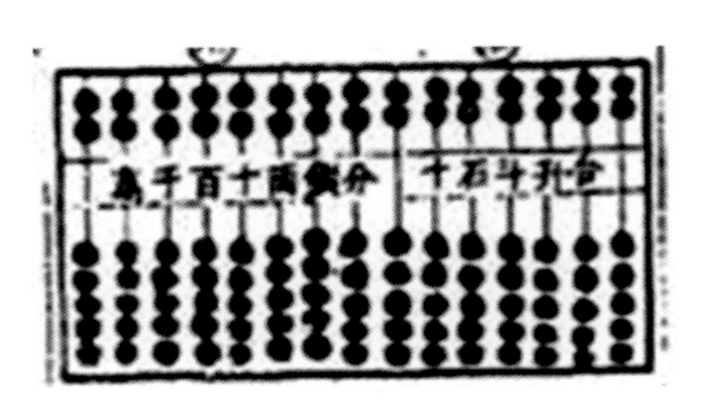

图 5　明万历二十年（1592）程大位的《算法统宗》中使用的“上二下五”的算盘

明末，算盘的形态逐渐固定为“上二下五”的定式，并至近现代均无重大变化。算盘也在此时传入中国周边的国家，其中对日本的影响尤其深远。明万历时日本人毛利重能访华求学，将中国算学及《算法统宗》带回日本，于 1622 年开班教授算学，并于同年写出日本第一本珠算书籍《割算法》；毛利的学生吉田光由在《算法统宗》的基础上于 1627 年写出了《尘劫记》。自此，日本的“上二下五”算盘和珠算被广泛传播和应用。至明治维新时日本大量接受西方的科学与技术，摒弃了中国的十六进制的旧制，转向了西方的十进制公制，故算盘变成了“上一下五”。

20 世纪三四十年代“上一下五”算盘曾短暂在中国东北地区制造、使用。1959 年，国务院公布《关于统一计量制度的命令》，将旧市制改为公制，用十进制代替了十六进制，此后中国算盘也统一成了“上一下五”的样式[③]。

---

① 丘光明编：《中国历代度量衡考》，科学出版社 1992 年版第 57 页。

② 靖玉树编：《中国历代算学集成》，山东人民出版社 1994 年版第 128 页。

③ 丘光明编：《中国历代度量衡考》，科学出版社 1992 年版第 59 页。

二、算盘的形制

本节挑选有年款的算盘，结合考古发掘中的最早可考的算盘实物，聚焦算盘的细节变化，总结各年代算盘的形制特征演变及年代的鉴别方法。

（一）算盘的组成

一件算盘由框、梁、档、珠、底五个主要部分组成：

“框”是算盘四周的框架。

“梁”，将算盘分为上下两个部分。

“档”，穿过梁和框的细杆，固定算珠。

“珠”，梁上为“上珠”，上珠代表五；梁下为“下珠”，下珠代表一。

“底”，为算盘的底板，以框固定使其稳定不变形（图 6）。

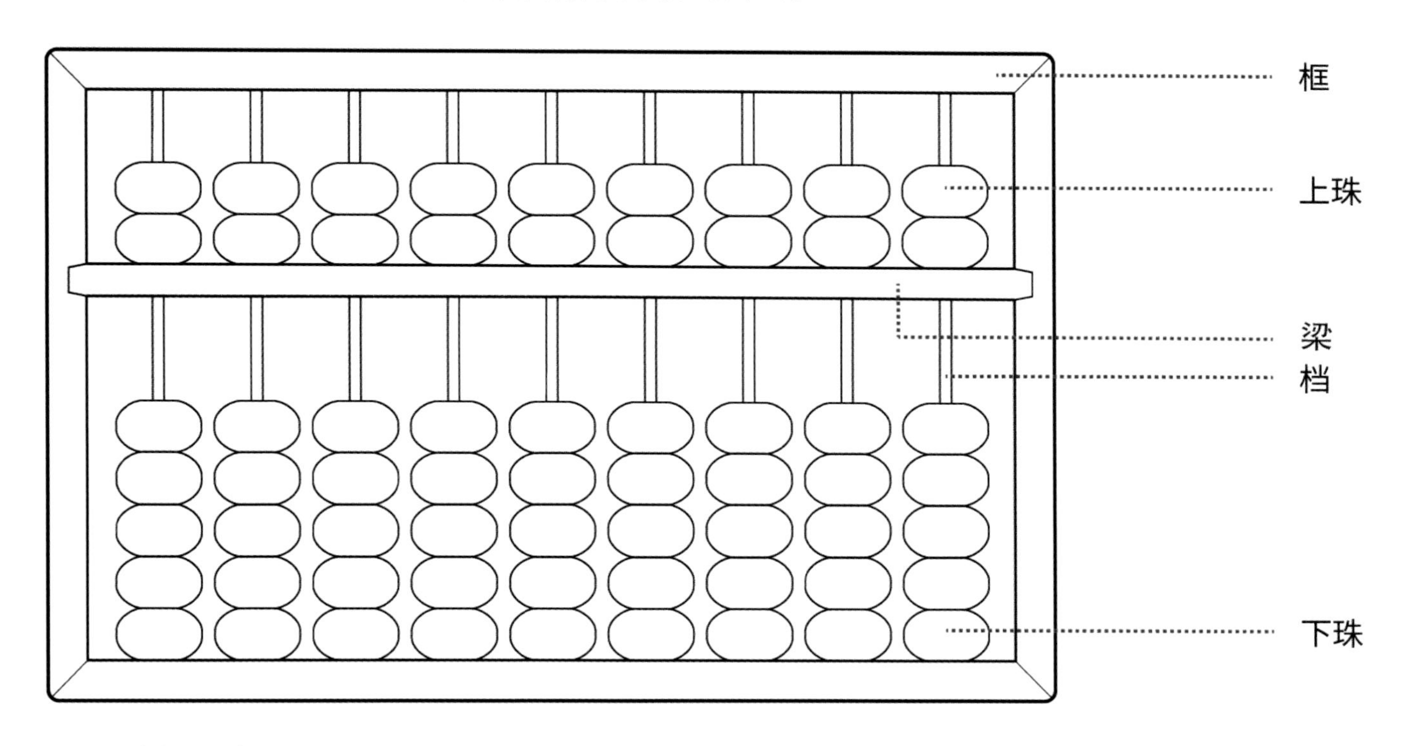

图 6　算盘各部件名称

（二）算珠的形态

在存世的算盘中，算珠的形状主要受生产地制作工艺的影响，器形与年代特征关系不大。在中国的算盘里，主要有鼓珠、菱珠和“鲫鱼背”三种算珠样式：

鼓珠：扁鼓形算珠，谓之“鼓珠”。

菱珠：菱形算珠，谓之“菱珠”。

“鲫鱼背”：介于鼓珠和菱形之间，长三角地区俗称为“鲫鱼背”（图 7、图 8、图 9）。

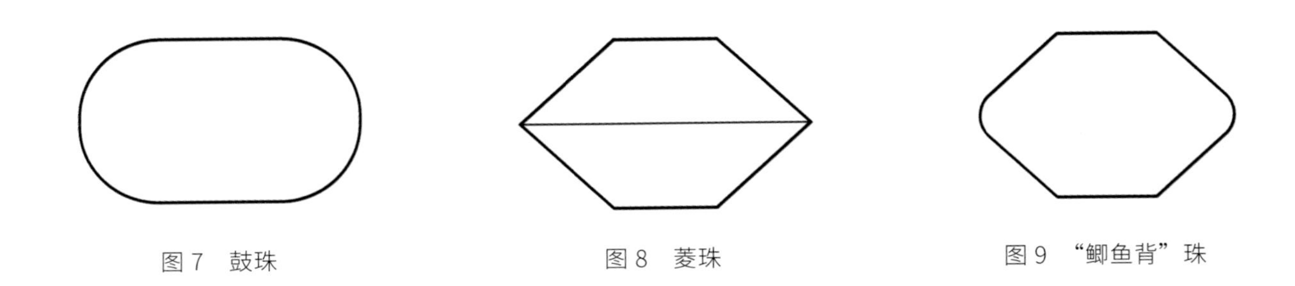

图 7　鼓珠　　图 8　菱珠　　图 9　“鲫鱼背”珠

考古出土的两件早期算盘实物均出土于福建省漳浦县明万历年间的墓葬，分别来自陈梧墓和卢维祯夫妇合葬墓。其中前者为 13 档上一下五木制鼓珠算盘（图 10），后者为 15 档上一下五木制菱珠算盘（图 11）[①]。从这两件出土算盘实物中可知，早期算盘算珠的形态有鼓珠和菱珠两种。据统计，鼓珠算盘占绝大多数，并从明代一直使用至今。全国各地的算盘算珠形态有细微差异：如在长三角一带有一种介于菱珠和鼓珠中间的纺锤形算珠算盘，有学者称其为“鲫鱼背”算珠；两广地区有少量菱珠算盘。

图 10　陈梧墓中出土的明 13 档六子木算盘（漳浦县博物馆 供图）

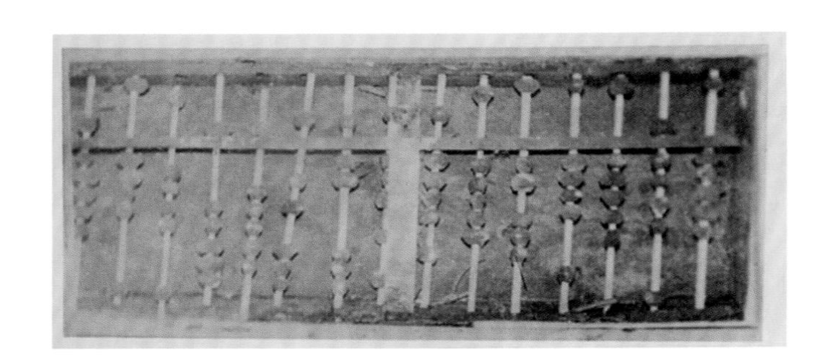

图 11　卢维祯墓中出土的明 15 档六子木算盘（漳浦县博物馆 供图）

① 王文径：《明户、工二部侍郎卢维桢墓》，《东南文化》1989 年第 3 期，第 215~222 页。

（三）中国算盘的年代信息鉴定点

自明末至清乾隆时期，算盘的用料扎实，整体厚重，规格较大；清嘉庆至清宣统时期的算盘的用料缩减，规格也逐渐变小、变窄；民国时期和1949年以后随工业化的普及和改良算盘制作工艺，从而更加节省材料，其规格又逐渐变大、变长。

算盘的细部呈现渐进式的变化。算盘正面的梁的两端及框的弧度，一般称之为“脊”和“打凹”（图12）；反面的背板和四角的突起小平台，一般称之为“背板”和“出脚”（图13），这些细节皆随时间发展变化。

1. 外框上平面

“脊”，早期算盘的脊梁。从初始位置开始向上拱起，谓之“拱脊”；高度与四框平齐时谓之“平脊”。脊梁从清初开始明显向上拱起，谓之“上拱”。清乾隆时期“上拱”达到最高点，清道光以后，“上拱”明显降低，清咸丰以后上拱逐渐消失。

“打凹”，是明代晚期和清代早期算盘的明显特征，但是进入清乾隆以后，“打凹”的弧度明显降低，清嘉庆以后只有微小的“打凹”，或可称之为“微凹”；清道光以后“打凹”完全消失。

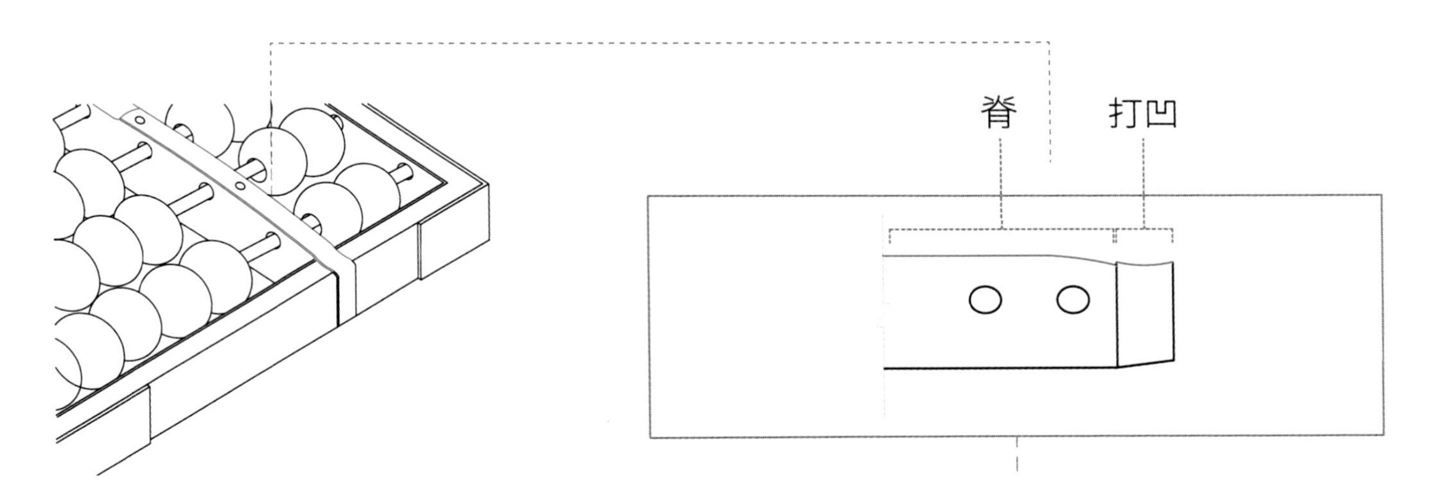

图12 算盘的正面鉴定点，“脊”和“打凹”

2. 外框下平面：

“出脚”，为算盘底板四周的几座。算盘的年代越早则出脚越高，后逐渐变矮，至清道光咸丰时期开始逐渐变平。

“背板”，算盘的底板，固定框使其不变形。从早期可考年代至清末为整块木板，民国时期至 1949 年以后变成以“两竖一横”三条木条支撑四条边框，我们将这种算盘拟名为“草字头算盘”。

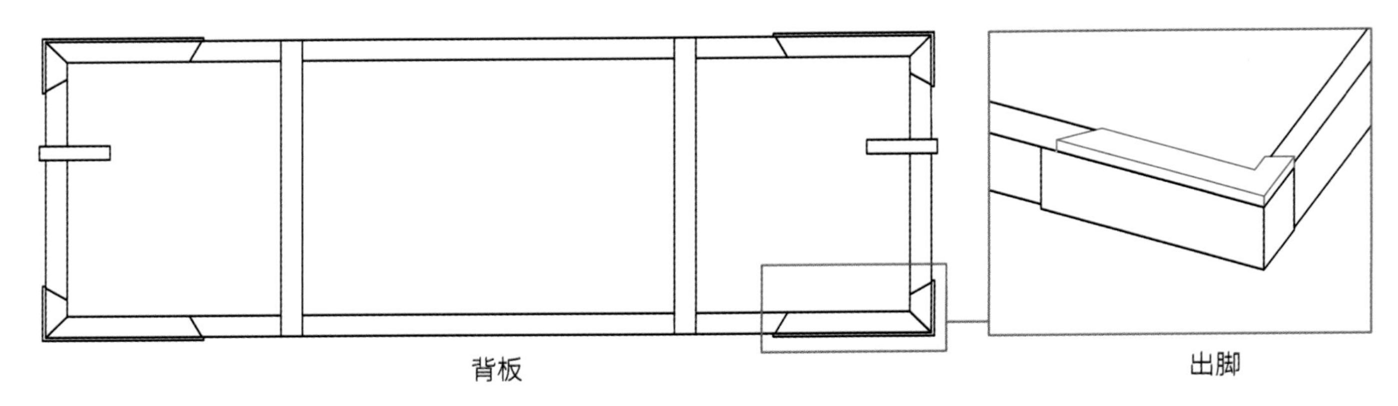

图 13　算盘的反面鉴定点，“背板”和“出脚”

除以上鉴定点外，有些算盘有“四面放坡”的特征，即算盘四框内侧为最高点，向外倾斜（图 14）。这种特征贯穿在中国算盘的发展中，在清乾隆时期及清咸丰至民国中期最多。

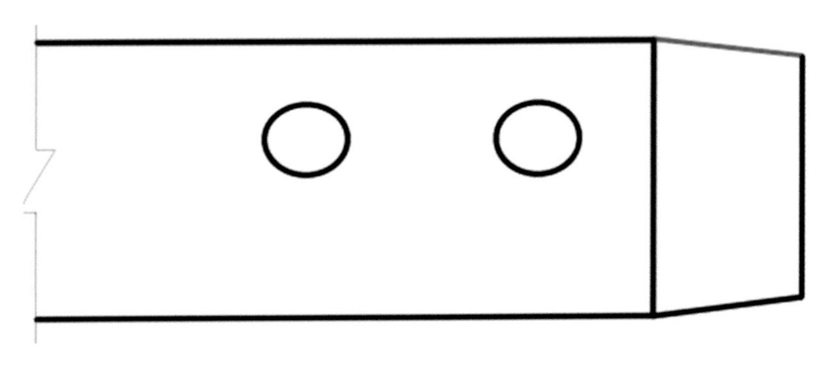

图 14　“四面放坡”的特征

（四）中国各年代的算盘的演化

算盘的细部在发展中有缓慢而连贯的变化。通过分析考古发掘中最早的算盘实物和本文所整理的有明确墨书年款的传世算盘的细部特征，似可总结算盘形制变化的规律。

1. 明晚期的算盘

这件算盘在后续的修理涂过大漆、文字用金漆重描过，款为“崇□丙肇□□四月西泉□”。用红外线照相机拍摄后，底板可较清晰显示“崇祯”二字。

这件算盘的寸为 530×190×20 毫米，其中脊高 2.5 毫米，打凹深 1.5 毫米，出脚高 2.5 毫米，在形制上早于序列中的其他算盘（图 15、图 16、图 17，表 2）。

表 2　明崇祯算盘鉴定点测量一览表

序号	名称	形制	脊高度（毫米）	打凹高度（毫米）	出脚高度（毫米）
1	明崇祯（1611~1644）算盘	二五鼓珠 17 档木算盘	2.5	–1.5	2.5

图 15　“崇祯”二字（李怀诚 摄影）

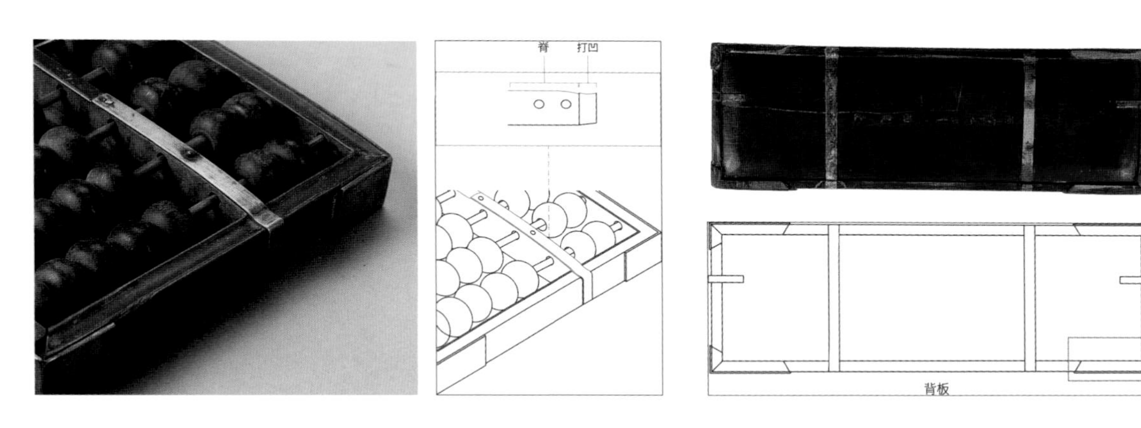

图 16　明晚期二五鼓珠 17 档木算盘中的脊及打凹

图 17　明晚期二五鼓珠 17 档木算盘中的背板及出脚

2. 清康熙时期的算盘

收集到的三件清康熙时期算盘脊高 3~4 毫米，打凹深 0~0.5 毫米，出脚高 0~2.5 毫米（图 18、图 19，表 3）。

表 3　清康熙时期算盘鉴定点测量一览表

序号	名称	形制	脊高度（毫米）	打凹高度（毫米）	出脚高度（毫米）
1	康熙十九年（1680）算盘	二五鼓珠 19 档木算盘	3.2	–0.5	0
2	康熙二十三年（1684）算盘	二五鼓珠 24 档木算盘	3.1	0	2.5
3	康熙四十一年（1702）算盘	二五鼓珠 19 档木算盘	4.0	–0.5	2.5

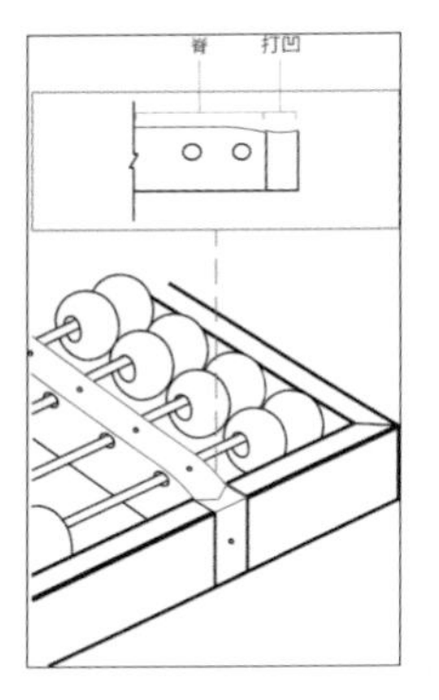

图 18　清康熙四十一年（1702）二五鼓珠 19 档木算盘中的脊及打凹

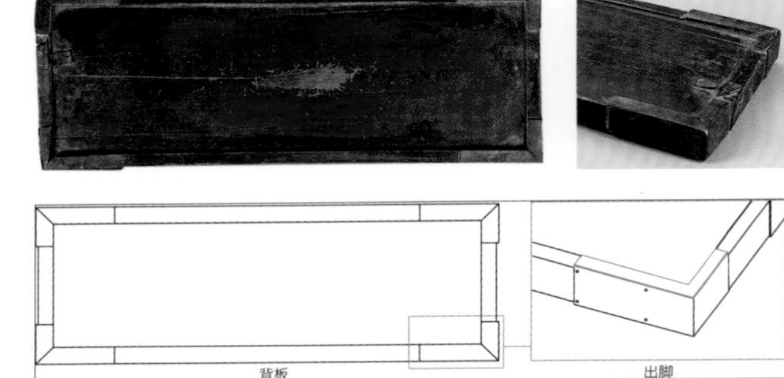

图 19　清康熙四十一年（1702）二五鼓珠 19 档木算盘中的背板及出脚

3. 清雍正时期的算盘

收集到的两件清雍正时期算盘脊高 4~5 毫米，打凹深 0~0.5 毫米，出脚高 2~2.5 毫米。这两件算盘背面的掐丝嵌铜款分别为“雍正己酉年置 / 李永修造”和“雍正十年 / 朝钦王记 / 为大老店”。值得注意的是，只有清雍正时期使用了掐丝嵌铜款记录年代信息（图 20、图 21，表 4）。

表 4　清雍正时期算盘鉴定点测量一览表

序号	名称	形制	脊高度（毫米）	打凹高度（毫米）	出脚高度（毫米）
1	雍正七年（1729）算盘	二五鼓珠 17 档木算盘	5.0	–0.5	2.5
2	雍正十年（1732）算盘	二五鼓珠 17 档木算盘	4.0	0	2.0

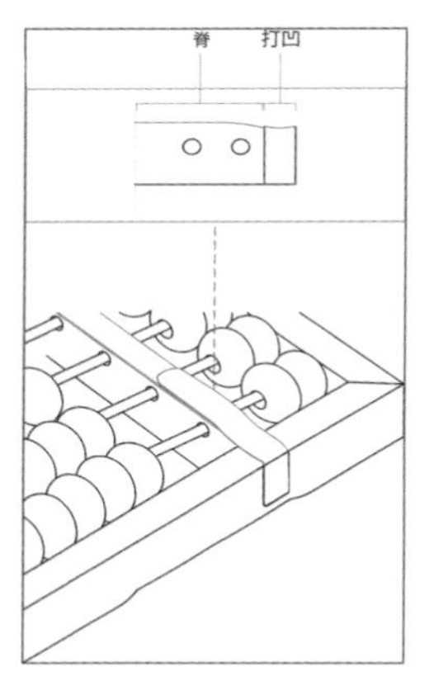

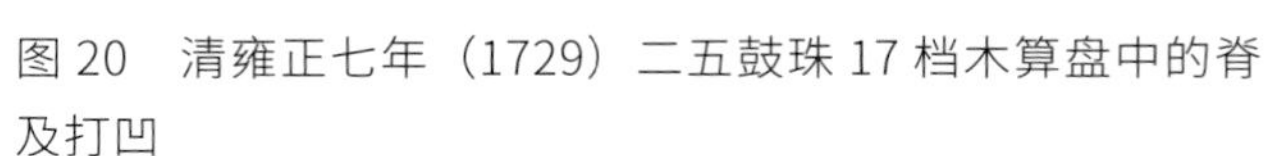

图 20　清雍正七年（1729）二五鼓珠 17 档木算盘中的脊及打凹

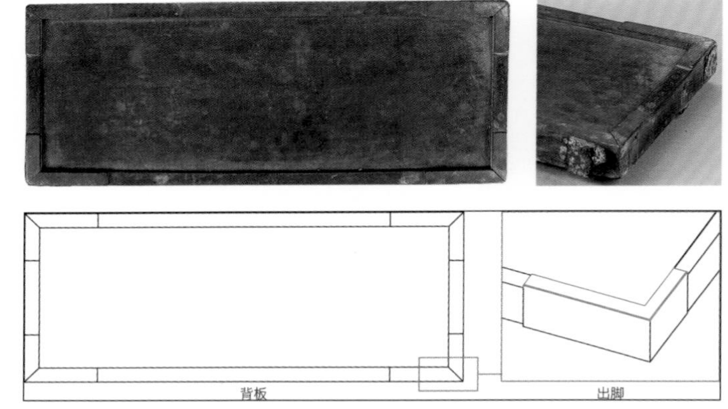

图 21　清雍正七年（1729）二五鼓珠 17 档木算盘中的背板及出脚

4. 清乾隆时期的算盘

收集到的十五件清乾隆时期的算盘脊高 0~3.5 毫米，打凹深 0~1 毫米，出脚高 0~3 毫米。清乾隆时期算盘的脊的上拱极高，打凹的弧度明显降低，有少数算盘没有出脚（图 22、图 23，表 5）。

表 5　清乾隆时期算盘鉴定点测量一览表

序号	名称	形制	脊高度（毫米）	打凹高度（毫米）	出脚高度（毫米）	特殊特征
1	乾隆三十二年（1767）算盘	二五鼓珠 17 档木算盘	2.0	0	0	四面放坡
2	乾隆三十五年（1770）算盘	二五鼓珠 15 档木算盘	2.5	−0.5	2.0	四面放坡
3	乾隆三十八年（1773）算盘	二五鼓珠 17 档木算盘	2.5	0	0	/
4	乾隆四十年（1775）算盘	二五鼓珠 9 档木算盘	3.0	−0.3	2.5	/
5	乾隆四十四年（1779）算盘	二五鼓珠 17 档木算盘	3.0	0	0	四面放坡
6	乾隆四十七年（1782）算盘	二五鼓珠 17 档木算盘	2.0	0	3.0	四面放坡
7	乾隆四十九年（1784）算盘	二五鼓珠 13 档木算盘	0	0	0	四面放坡
8	乾隆五十年（1785）算盘	二五鼓珠 11 档木算盘	2.0	0.5	2.5	/
9	乾隆五十二年（1787）算盘	二五鼓珠 13 档木算盘	0	−0.1	0	/
10	乾隆五十五年（1790）算盘	二五鼓珠 9 档木算盘	3.5	0.5	2.5	/
11	乾隆五十六年（1791）算盘	二五鼓珠 17 档木算盘	2.0	0	0	四面放坡
12	乾隆五十六年（1791）算盘	二五鼓珠 13 档木算盘	1.5	1.0	1.0	/
13	清初算盘	二五鼓珠 21 档木算盘	1.5	−0.5	2.5	微四面放坡
14	清初算盘	二五鼓珠 13 档木算盘	0	0.3	3.0	/
15	清初算盘	二五鼓珠 17 档木算盘	2.5	−0.5	3.0	/

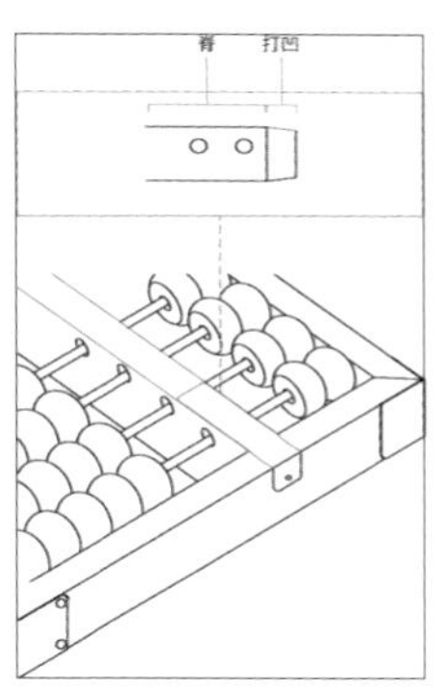

图 22　清乾隆四十四年（1779）二五鼓珠 17 档木算盘中的脊及打凹

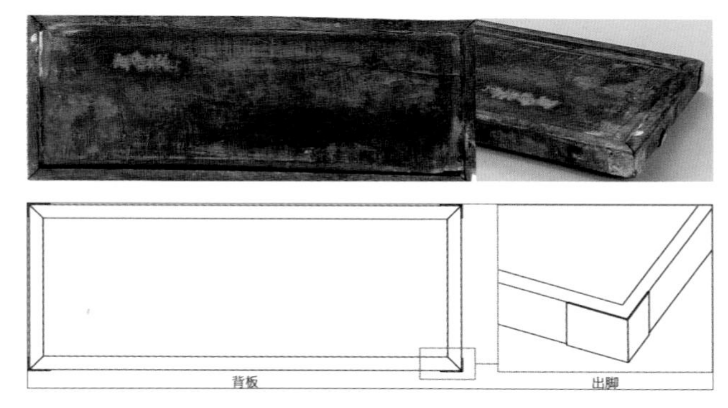

图 23　清乾隆四十四年（1779）二五鼓珠 17 档木算盘中的背板及出脚

5. 清嘉庆时期的算盘

收集到的十件清嘉庆时期算盘脊高 0.5~3 毫米，打凹微小几乎不可见，出脚高 0~4 毫米。此时期算盘打凹弧度开始变得微小，有少数算盘没有出脚（图 24、图 25，表 6）。

表 6　清嘉庆时期算盘鉴定点测量一览表

序号	名称	形制	脊高度（毫米）	打凹高度（毫米）	出脚高度（毫米）	特殊特征
1	嘉庆九年（1804）算盘	二五鼓珠 9 档木算盘	2.5	0.5	2.5	/
2	嘉庆十一年（1806）算盘	二五鼓珠 9 档木算盘	2.5	0.1	2.5	/
3	嘉庆十一年（1806）算盘	二五鼓珠 9 档木算盘	1.5	2.0	1.0	/
4	嘉庆十一年（1806）算盘	二五鼓珠 13 档木算盘	0.5	0.5	1.5	/
5	嘉庆十二年（1807）算盘	二五鼓珠 19 档木算盘	3.5	−1.0	3.0	/
6	嘉庆十三年（1808）算盘	二五鼓珠 13 档木算盘	2.5	0	0	四面放坡
7	嘉庆十五年（1810）算盘	二五鼓珠 13 档木算盘	1.0	0	1.0	/
8	嘉庆十六年（1811）算盘	二五鼓珠 9 档木算盘	3.0	−0.5	4.0	/
9	嘉庆二十年（1815）算盘	二五鼓珠 9 档木算盘	1.0	0.3	2.0	/
10	嘉庆二十五年（1820）算盘	二五鼓珠 13 档木算盘	2.0	0.1	3.0	/

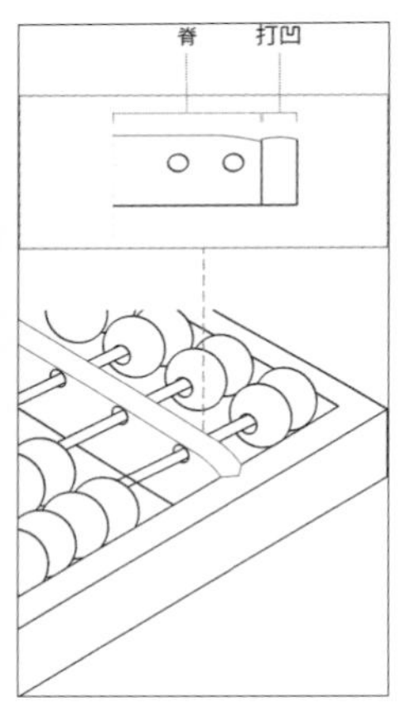

图 24　清嘉庆二十五年（1820）二五鼓珠 13 档木算盘中的脊及打凹

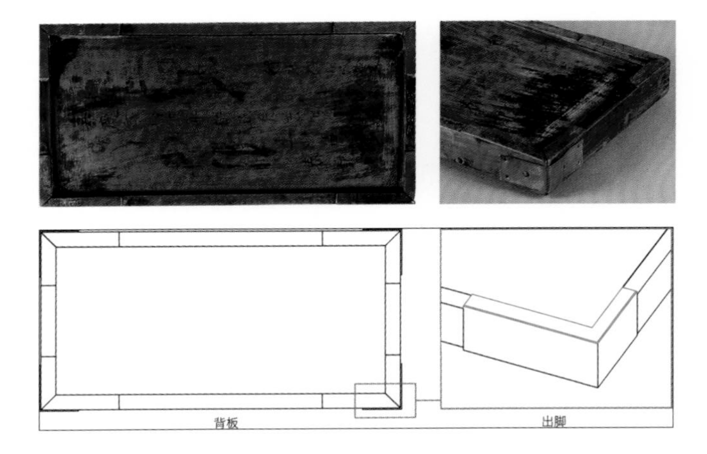

图 25　清嘉庆二十五年（1820）二五鼓珠 13 档木算盘中的背板及出脚

6. 清道光时期的算盘

收集到的十九件清道光时期算盘脊高 0~2.5 毫米，打凹多为 0.5 毫米，出脚高 0~2.5 毫米。道光以后脊的上拱明显降低，打凹开始消失（图 26、图 27，表 7）。

表 7　道光算盘鉴定点测量一览表

序号	名称	形制	脊高度（毫米）	打凹高度（毫米）	出脚高度（毫米）	特殊特征
1	道光元年（1821）算盘	二五鼓珠 13 档木算盘	2.0	0	2.0	微四面放坡
2	道光元年（1821）算盘	二五鼓珠 13 档木算盘	1.0	0	0	微四面放坡
3	道光五年（1825）算盘	二五鼓珠 11 档木算盘	1.0	0.5	2.5	/
4	道光七年（1827）算盘	二五鼓珠 13 档木算盘	1.5	0.5	1.5	/
5	道光八年（1828）算盘	二五鼓珠 11 档木算盘	2.0	0.5	1.5	/
6	道光十二年（1832）算盘	二五鼓珠 9 档木算盘	1.5	1.0	1.0	/
7	道光十二年（1832）算盘	二五鼓珠 17 档木算盘	1.5	0	0	四面放坡
8	道光十四年（1834）算盘	二五鼓珠 13 档木算盘	2.5	0.5	2.0	/
9	道光十七年（1837）算盘	二五鼓珠 11 档木算盘	0	−0.5	0	/
10	道光十八年（1838）算盘	二五鼓珠 13 档木算盘	1.0	0.2	2.5	/
11	道光十九年（1839）算盘	二五鼓珠 9 档木算盘	2.5	0.5	1.5	/
12	道光二十三年（1843）算盘	二五鼓珠 9 档木算盘	1.5	0.5	1.0	/
13	道光二十四年（1844）算盘	二五鼓珠 11 档木算盘	0	−0.5	0	/
14	道光二十六年（1846）算盘	二五鼓珠 13 档木算盘	0	0	0	/
15	道光二十六年（1846）算盘	二五鼓珠 13 档木算盘	0	−0.5	0	/
17	道光二十八年（1848）算盘	二五鼓珠 11 档木算盘	0	−0.5	0	/
18	道光二十九年（1849）算盘	二五鼓珠 19 档木算盘	0	0	0	四面放坡
19	道光二十九年（1849）算盘	二五鼓珠 11 档木算盘	2.0	0.5	2.0	/

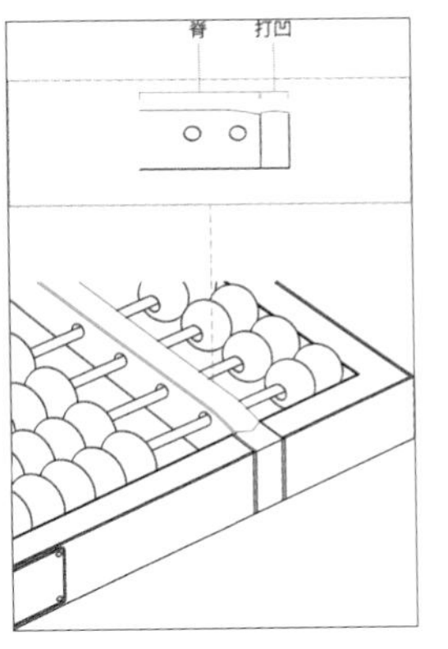

图 26　清道光十四年（1834）二五鼓珠 13 档木算盘中的脊及打凹

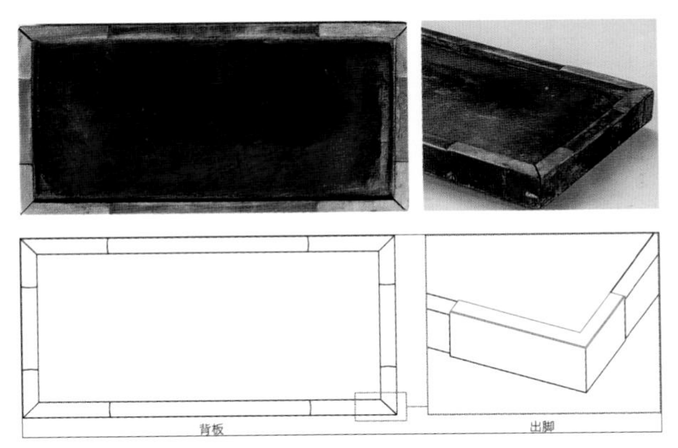

图 27　清道光十四年（1834）二五鼓珠 13 档木算盘中的背板及出脚

7. 清咸丰时期的算盘

收集到的六件清咸丰时期算盘脊高 0~2 毫米；其中只有一件算盘仍有 1 毫米的出脚。咸丰以后拱脊逐渐变成平脊，打凹逐渐凸起，出脚逐渐变平（图 28、图 29，表 8）。

表 8　咸丰算盘鉴定点测量一览表

序号	名称	形制	脊高度（毫米）	打凹高度（毫米）	出脚高度（毫米）	特殊特征
1	咸丰元年（1851）算盘	二五鼓珠 9 档木算盘	0	0.5	0	/
2	咸丰元年（1851）算盘	二五鼓珠 9 档木算盘	0	0.1	1.5	/
3	咸丰六年（1856）算盘	二五鼓珠 9 档木算盘	0	–0.5	0	/
4	咸丰八年（1858）算盘	二五鼓珠 11 档木算盘	2.0	0	0	四面放坡
5	咸丰九年（1859）算盘	二五鼓珠 13 档木算盘	2.0	0	3.0	四面放坡
6	咸丰十年（1860）算盘	二五鼓珠 9 档木算盘	0	0	0	四面放坡

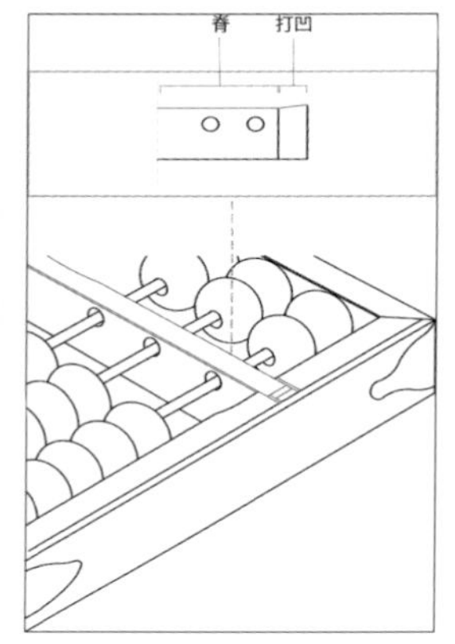

图 28　清咸丰十年（1860）二五鼓珠 9 档木算盘中的脊及打凹

图 29　清咸丰十年（1860）二五鼓珠 9 档木算盘中的背板及出脚

8. 清同治时期的算盘

收集到的五件同治算盘打凹、拱脊和出脚已经几乎变平，有大量四面放坡的算盘（图 30、图 31，表 9）。

表 9　同治算盘鉴定点测量一览表

序号	名称	形制	脊高度（毫米）	打凹高度（毫米）	出脚高度（毫米）	特殊特征
1	同治四年（1865）算盘	二五鼓珠 13 档木算盘	0	0	0	/
2	同治五年（1866）算盘	二五鼓珠 9 档木算盘	0	0.5	0	四面放坡
3	同治九年（1870）算盘	二五鼓珠 13 档木算盘	0	0	0	/
4	同治十一年（1872）算盘	二五鼓珠 11 档木算盘	0	0	0	四面放坡
5	同治十二年（1873）算盘	二五鼓珠 13 档木算盘	0	0	0	/

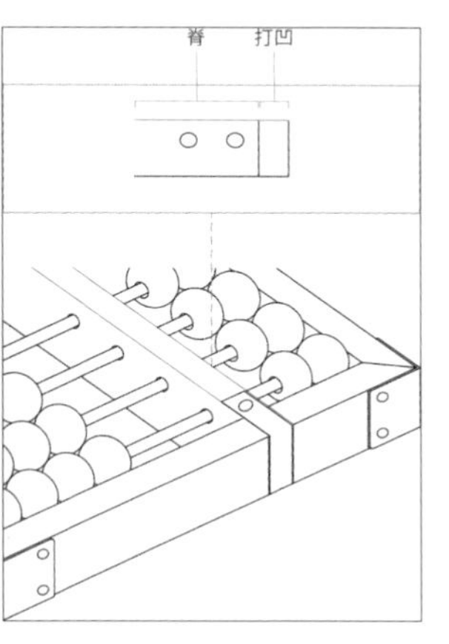

图 30　清同治四年（1865）二五鼓珠 9 档木算盘中的脊及打凹

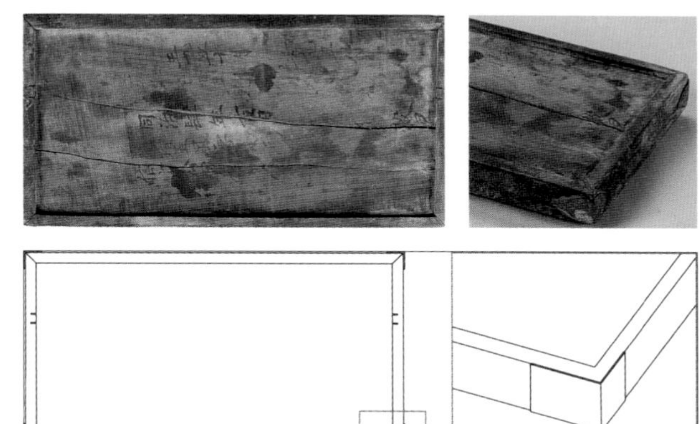

图 31　清同治四年（1865）二五鼓珠 9 档木算盘中的背板及出脚

9. 清光绪时期的算盘

收集到的十一件清光绪时期算盘打凹、拱脊和出脚已经几乎变平，有大量四面放坡的算盘（图 32、图 33，表 10）。

表 10　清光绪时期算盘鉴定点测量一览表

序号	名称	形制	脊高度（毫米）	打凹高度（毫米）	出脚高度（毫米）	特殊特征
1	光绪二年（1876）算盘	二五鼓珠 13 档木算盘	0	0	0	四面放坡
2	光绪三年（1877）算盘	二五鼓珠 15 档木算盘	2.5	1.0	2.5	/
3	光绪五年（1879）算盘	二五鼓珠 13 档木算盘	0	0	0	四面放坡
4	光绪十年（1884）算盘	二五鼓珠 11 档木算盘	2.5	0	0	/
5	光绪十一年（1885）算盘	二五鼓珠 11 档木算盘	0	0	0	四面放坡
6	光绪十六年（1890）算盘	二五鼓珠 9 档木算盘	0	0	0	四面放坡
7	光绪二十二年（1896）算盘	二五鼓珠 13 档木算盘	2.0	0	0	四面放坡
8	光绪二十六年（1900）算盘	二五鼓珠 13 档木算盘	0	0	0	/
9	光绪二十九年（1903）算盘	二五鼓珠 15 档木算盘	0	0.2	0	/
10	光绪三十年（1904）算盘	二五鼓珠 13 档木算盘	1.5	0.3	2.0	/
11	光绪三十年（1904）算盘	二五鼓珠 13 档木算盘	0	0	0	/

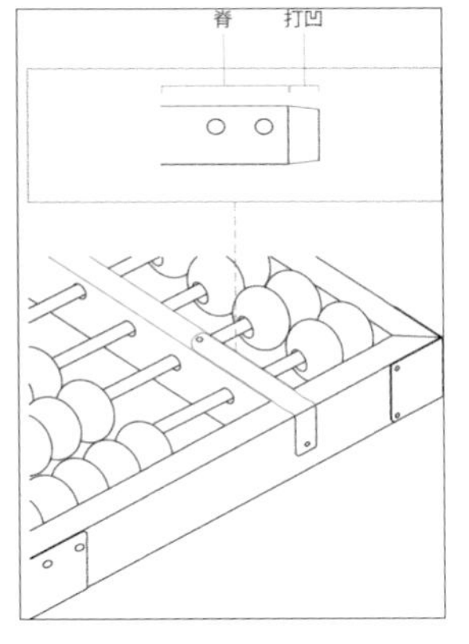

图 32　清光绪十六年（1890）二五鼓珠 9 档木算盘中的脊及打凹

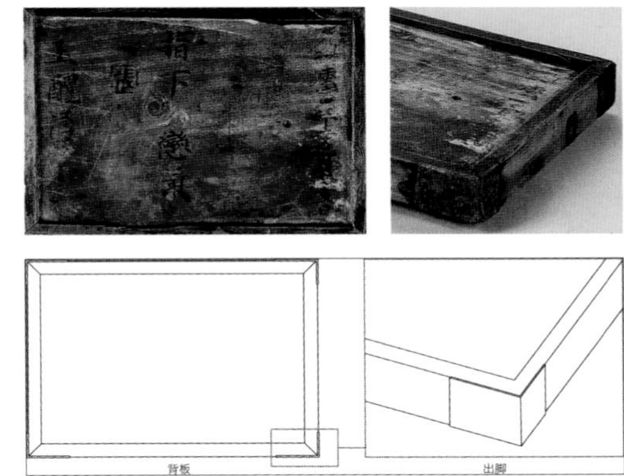

图 33　清光绪十六年（1890）二五鼓珠 9 档木算盘中的背板及出脚

10. 清宣统时期的算盘

收集到的两件清宣统时期算盘打凹、拱脊和出脚已经几乎变平（图 34、图 35，表 11）。

表 11　清宣统时期算盘鉴定点测量一览表

序号	名称	形制	脊高度（毫米）	打凹高度（毫米）	出脚高度（毫米）	特殊特征
1	宣统元年（1909）算盘	二五鼓珠 9 档木算盘	0	0	0	四面放坡
2	宣统二年（1910）算盘	二五鼓珠 13 档木算盘	0	0	0	/

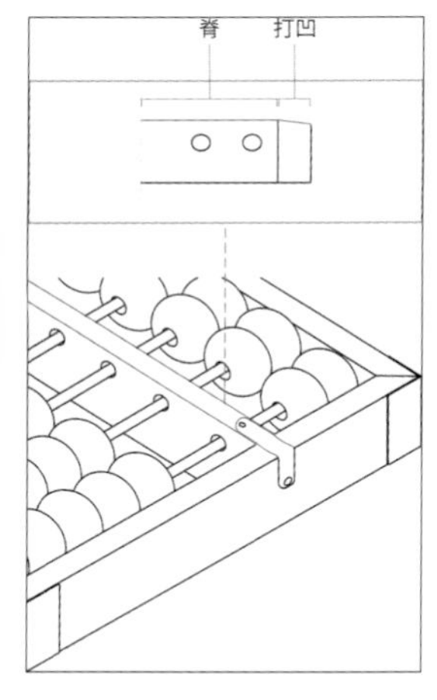

图 34　清宣统元年（1909）二五鼓珠 9 档木算盘中的脊及打凹

图 35　清宣统元年（1909）　二五鼓珠 9 档木算盘中的背板及出脚

11. 民国时期的算盘

民国时期的算盘逐渐简化，从有背板的算盘转向以“两竖一横”三条木条支撑四条边框的算盘。我们将这种算盘拟定名为“草字头算盘”。其中算盘的外框随时间发展，凸出弧度逐渐变高（图 36、图 37，表 12）。

表 12　民国时期算盘鉴定点测量一览表

序号	名称	形制	脊高度（毫米）	打凹高度（毫米）	出脚高度（毫米）	特殊特征
1	民国八年（1919）算盘	二五鼓珠 13 档木算盘	2.0	2.0	0	/
2	民国十五年（1926）算盘	二五鼓珠 11 档木算盘	0	0	0	四面放坡
3	民国十六年（1927）算盘	二五鼓珠 11 档木算盘	0	0	0	四面放坡
4	民国十九年（1930）算盘	二五鼓珠 11 档木算盘	0	0	0	微四面放坡
5	民国二十年（1931）算盘	二五鼓珠 13 档木算盘	0	0	0	/
6	民国二十七年（1939）算盘	二五鼓珠 27 档木算盘	0	0	0	/
7	民国二十八年（1940）算盘	二五鼓珠 13 档木算盘	0	0	0	/
8	民国三十三年（1945）算盘	二五鼓珠 13 档木算盘	0	0	0	/

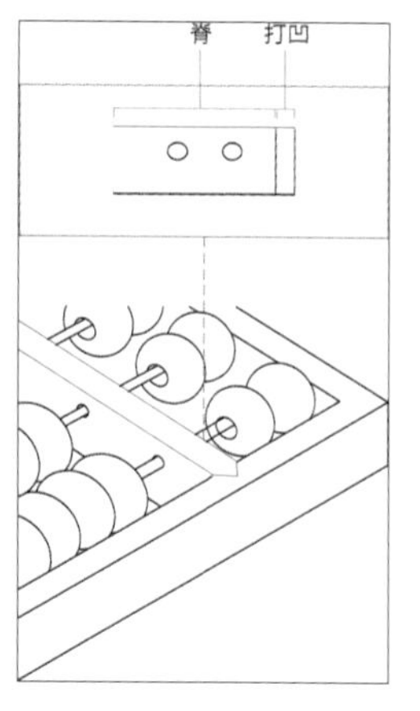

图 36　民国十九年（1930）二五鼓珠 11 档木算盘中的脊及打凹

图 37　民国十九年（1930）二五鼓珠 11 档木算盘中的背板及出脚

12.1949 年以后的算盘

1949 年以后，中原地区生产的算盘以“草字头算盘”为主，框及脊皆高高凸起（图 38、图 39，表 13）。

表 13　新中国时期算盘鉴定点测量一览表

序号	名称	形制	脊高度（毫米）	打凹高度（毫米）	出脚高度（毫米）	特殊特征
1	1950 年算盘	二五鼓珠 13 档木算盘	0	0.5	0	/
2	1951 年算盘	二五鼓珠 11 档木算盘	0	0.5	0	/
3	1953 年算盘	二五鼓珠 13 档木算盘	0	0	0	/
4	1954 年算盘	二五鼓珠 13 档木算盘	0	0.5	0	/
5	1959 年算盘	二五鼓珠 11 档木算盘	0	1.0	0	/
6	1962 年算盘	二五鼓珠 13 档木算盘	0	0.3	2.0	四面放坡
7	1962 年算盘	二五鼓珠 13 档木算盘	0	2.0	0	/
8	1968 年算盘	二五鼓珠 13 档木算盘	0	3.0	0	/
9	1969 年算盘	二五鼓珠 13 档木算盘	0	0.5	0	/

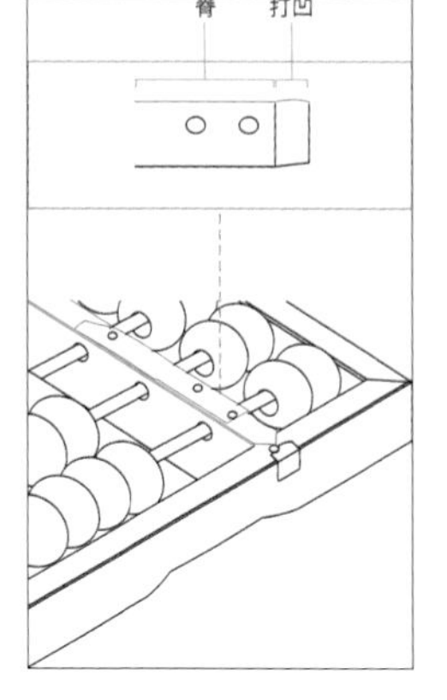

图 38　1962 年二五鼓珠 13 档木算盘中的脊及打凹

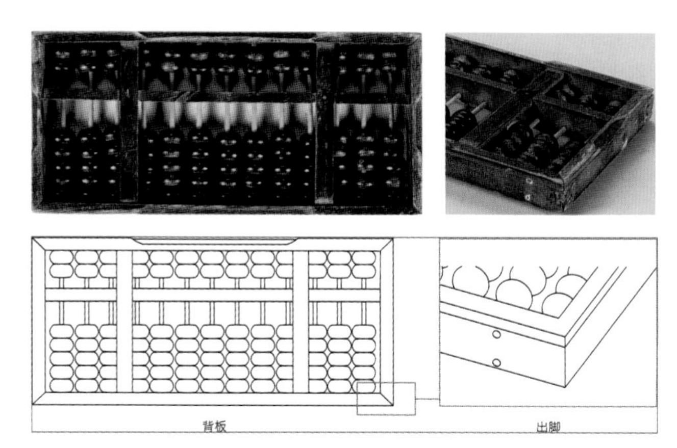

图 39　1962 年二五鼓珠 13 档木算盘中的背板及出脚

13. 其他形制的算盘

除了我们收集到可以在形制上排出序列的中国算盘外，还有以“鲫鱼背”算盘及“四出头”算盘为主的两种特殊的算盘形制。

（1）“鲫鱼背”算盘

长三角一带流行一种介于菱珠和鼓珠中间的纺锤形算珠算盘，当地俗称为“鲫鱼背”。“鲫鱼背”算盘的其余部分则与普通算盘形制相同（图 40）。

图 40 “鲫鱼背”算盘的算珠

（2）“四出头”算盘

笔者在广西地区收集到了一种四条框出头的无底算盘，当地俗称为“四出头”算盘。它的加工方式较为原始，四条外框的高度不一。此算盘的材料为柚木，与在其他地区搜集到的算盘所使用的木材都不同（图 41）。

图 41 “四出头”算盘

（五）算盘工艺

1. 榫卯

算盘连接框与框的榫卯结构主要有双平燕尾榫和交手榫两种。这两种榫卯同时存在，是了解古代算盘结构的重要一环。

2. 双平燕尾榫

双平燕尾榫的一侧的榫头为两个平台形，另一侧为燕尾状的梯台形。拼合起来可以固定算盘两侧的框（图 42）。

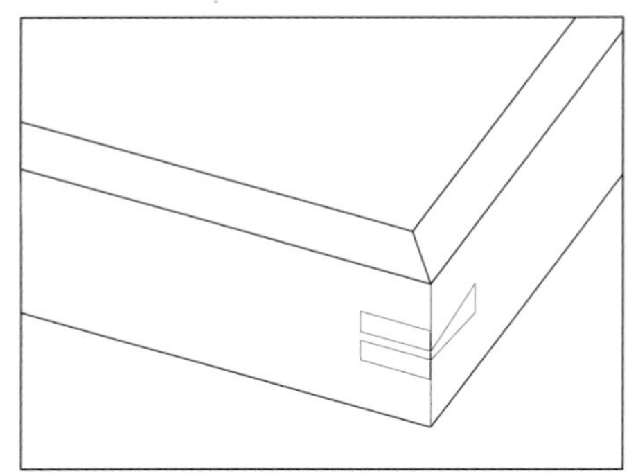
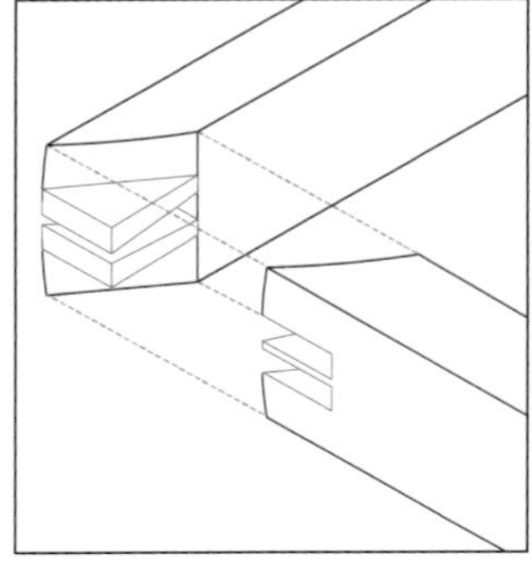

图 42 双平燕尾榫结构

3. 交手榫

交手榫的两侧均为燕尾状的梯台形，拼合起来可以固定算盘两侧的框（图 43）。

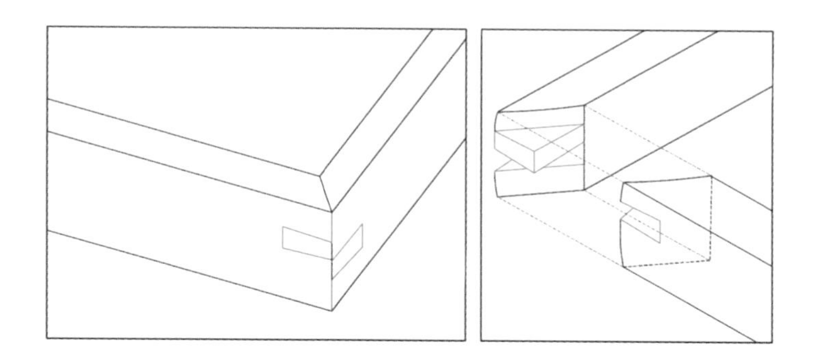

图 43 交手榫结构

4. 插肩

算盘的脊头、即脊和框的连接处主要有三个形态：脊头呈锐角状为尖插肩，脊头呈钝角状钝插肩，脊头呈平时为平插肩。这三种形态在不同时期皆有存在（图 44、图 45、图 46）。

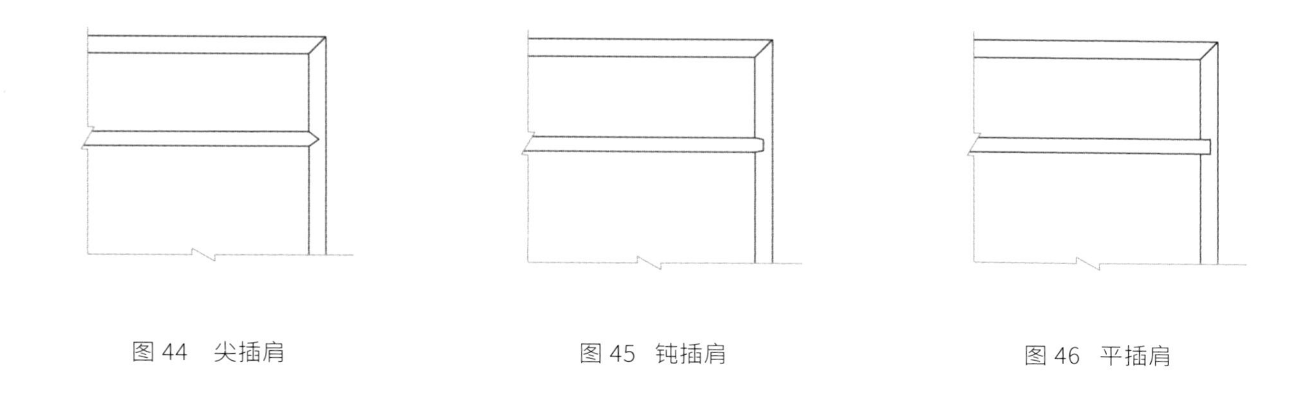

图 44 尖插肩　　图 45 钝插肩　　图 46 平插肩

5. 掐丝嵌铜

在算盘背板的框上时常会有掐丝嵌铜的款识，内容常为商号名称，最常见的有“俞顺之老房”和“俞顺之老店”。除此之外，还有少数案例的掐丝嵌铜款为制造者的名字或制造年份，主要集中在清雍正时期（图 47）。

图 47 掐丝嵌铜的“俞顺之老店”款识

附表：各时期算盘特征一览表

时期	打凹	脊	出脚
明晚期	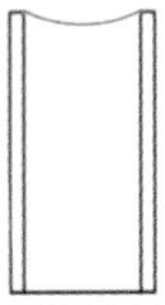	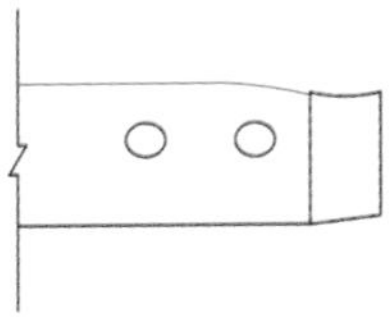	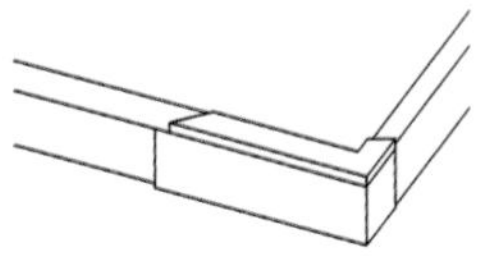 明崇祯九年（1636）
康熙	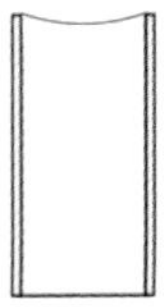	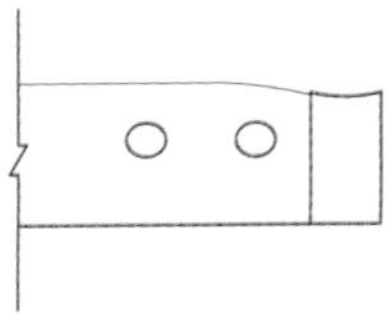	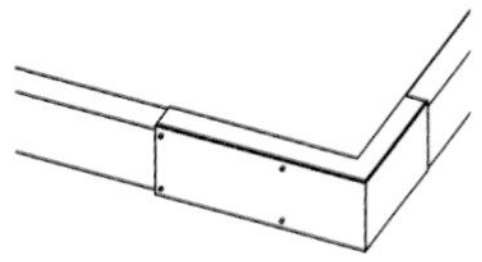 清康熙四十一年（1702）
雍正	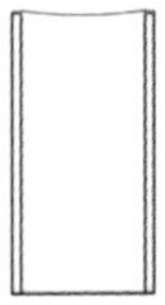	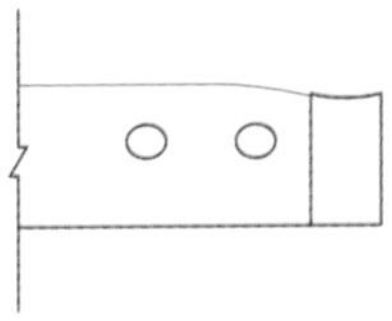	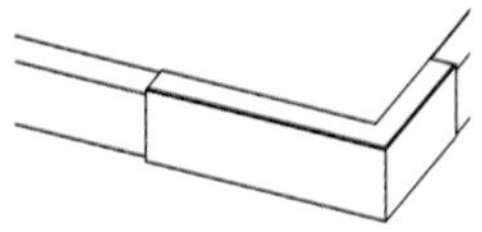 清雍正七年（1729）
乾隆	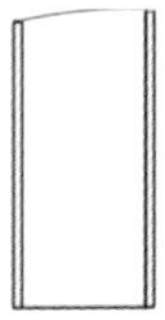	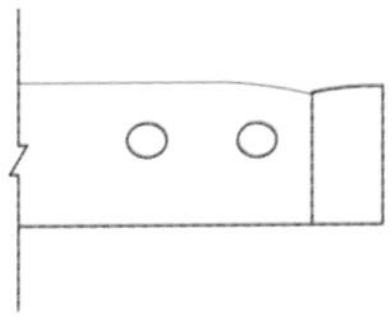	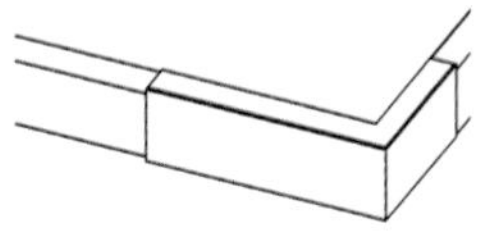 清乾隆四十四年（1779）
嘉庆	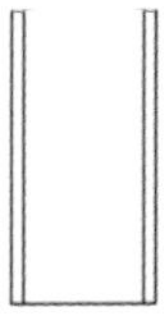	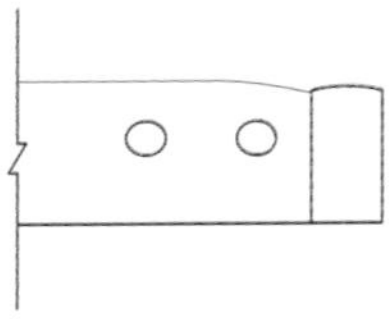	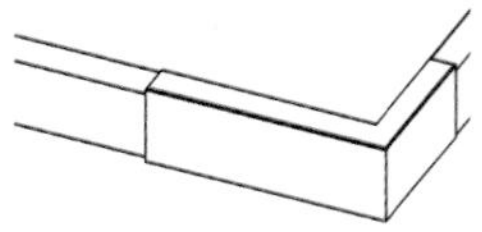 清嘉庆二十五年（1820）
道光	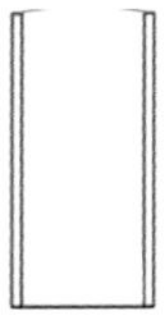	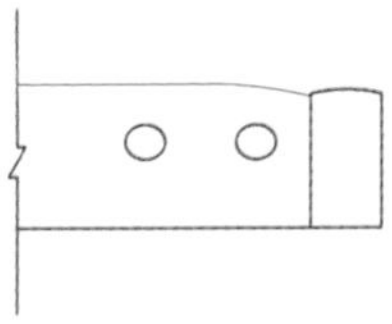	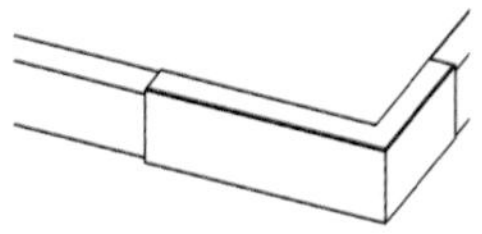 清道光十四年（1834）
咸丰	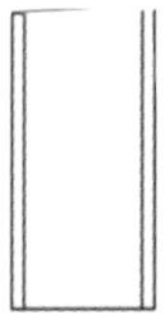	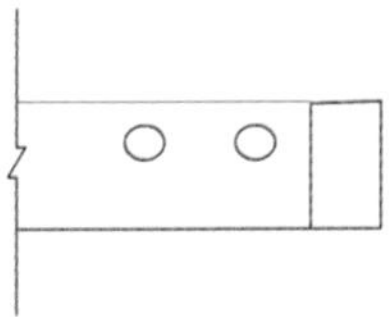	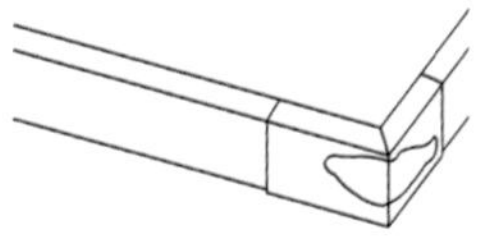 清咸丰十年（1860）
同治	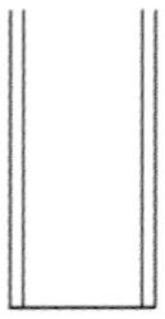	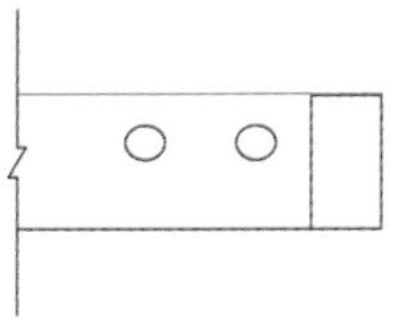	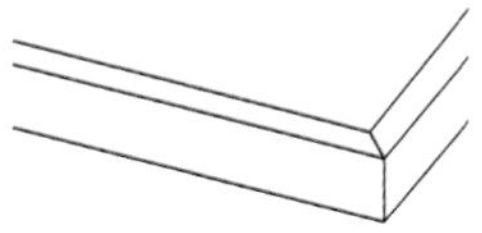 清同治四年（1865）

光绪	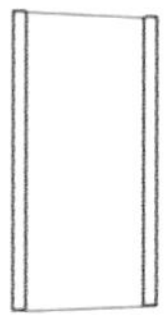	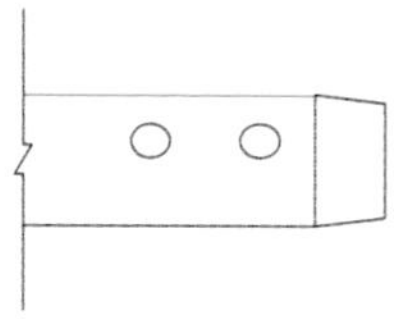	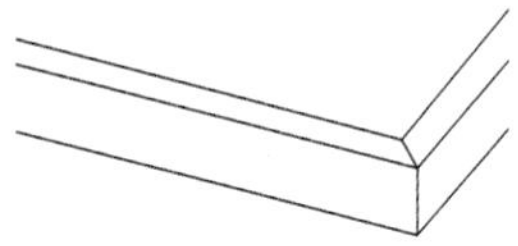 清光绪十六年（1890）
宣统	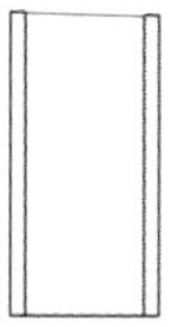	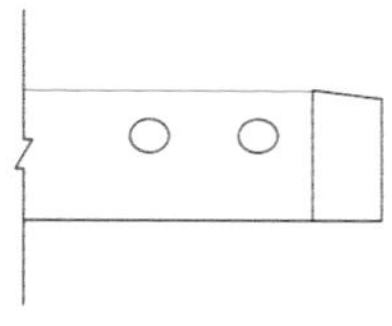	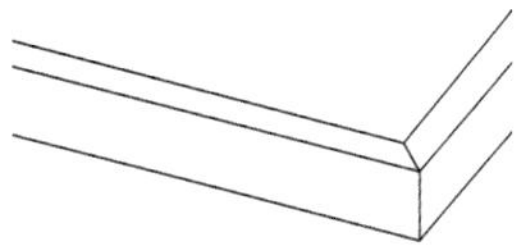 清宣统元年（1909）
中华民国时期	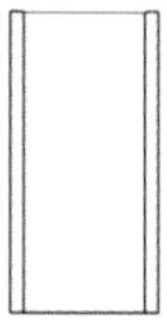	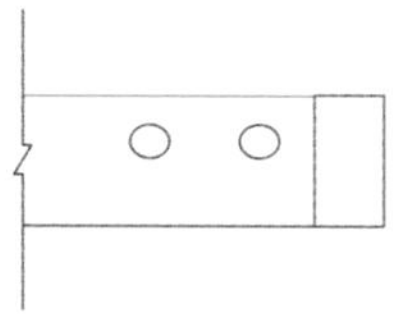	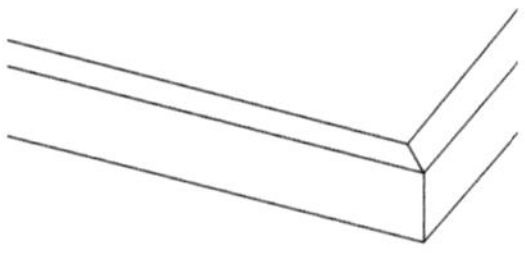 民国十九年（1930）
新中国时期	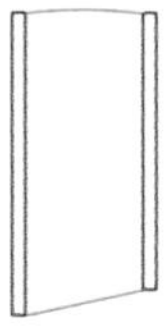	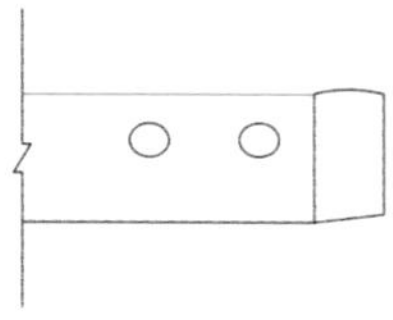	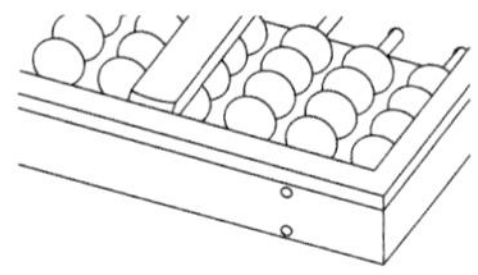 1962 年

说明：

此表体现了各时期最具代表性的算盘，以从中总结算盘在形制上的变化规律。算盘的形制变化是连续而渐变的：自明末至乾隆时期，算盘的用料扎实，整体厚重，规格较大；嘉庆至宣统的算盘的用料缩减，规格也逐渐变小；民国时期和 1949 年以后随工业化的介入和改良，在更加节省材料的制造方式下，算盘的规格又逐渐变大。

鉴定算盘年代的四个主要鉴定点为外框上平面的“脊”和“打凹”，外框下平面的“出脚”和“背板”：

“脊”，早期算盘的脊梁。从初始位置开始向上拱起，谓之“拱脊”；高度与四框平齐时谓之“平脊”。脊梁从清初开始明显向上拱起，谓之“上拱”。乾隆时期“上拱”达到最高点，道光以后“上拱”明显降低，咸丰以后上拱逐渐消失。

“打凹”，是明代晚期和清代早期算盘的明显特征，但是进入清乾隆以后，“打凹”的弧度明显降低，嘉庆以后只有微小的“打凹”，或可称之为“微凹”；道光以后“打凹”完全消失。

“出脚”，为算盘底板四周的几座。算盘的年代越早则出脚越高，后逐渐变矮，至道光咸丰时期开始逐渐变平。

“背板”，为算盘的底板，固定框使其不变形。从可考至清末为整块木板，民国时期至 1949 年以后变成以“两竖一横”三条木条支撑四条边框，我们将这种算盘拟名为“草字头算盘”。